◆ 普通高等教育"十四五"系列教材
◆ 高等院校通识课程系列教材

本书获山东建筑大学教材建设基金资助

办公自动化
（第3版）

主　编　吴永春　吴学霞
副主编　谢　楠　尹瑞林
　　　　李　婧　周蓓蓓

中国水利水电出版社
www.waterpub.com.cn
·北京·

内 容 提 要

　　本书共分为四章，分别介绍 Windows 11 操作系统，Microsoft Office 套装中最常用的三个组件 Word、Excel 和 PowerPoint。对于 Windows 11，从介绍操作系统安装开始，重点介绍应用软件的安装与卸载以及操作系统自带应用软件的使用技巧。对于 Word、Excel 和 PowerPoint，从实例出发，分实例导读、实例分析、技术要点、操作步骤及实例总结，进行了详细讲解。本书配有视频演示、实例素材、课后操作题及答案、实验指导书等教学资源，可扫描书中二维码获取。

　　本书语言简练、图文并茂、内容新颖，实用而富有启发性，以实例的形式进行综合实践，步骤清晰、描述鲜明，能够全面培养读者办公自动化的综合应用能力。本书可作为经管类、计算机类、艺术类及人文社科等相关专业的高年级本科生教材，也可作为政府机关和企事业单位管理人员的办公自动化培训教材，以及供广大计算机爱好者自学使用。

图书在版编目（CIP）数据

办公自动化 / 吴永春，吴学霞主编. -- 3版. --
北京 : 中国水利水电出版社，2025. 6. --（普通高等教
育"十四五"系列教材）（高等院校通识课程系列教材）.
ISBN 978-7-5226-3201-8

Ⅰ. TP317.1

中国国家版本馆CIP数据核字第2025EA0152号

书　名	普通高等教育"十四五"系列教材 高等院校通识课程系列教材 **办公自动化（第 3 版）** BANGONG ZIDONGHUA
作　者	主　编　吴永春　吴学霞 副主编　谢　楠　尹瑞林　李　婧　周蓓蓓
出版发行	中国水利水电出版社 （北京市海淀区玉渊潭南路 1 号 D 座　100038） 网址：www. waterpub. com. cn E - mail：sales@ mwr. gov. cn 电话：（010）68545888（营销中心）
经　售	北京科水图书销售有限公司 电话：（010）68545874、63202643 全国各地新华书店和相关出版物销售网点
排　版	中国水利水电出版社微机排版中心
印　刷	清淞永业（天津）印刷有限公司
规　格	184mm×260mm　16 开本　10.75 印张　262 千字
版　次	2015 年 8 月第 1 版第 1 次印刷 2025 年 6 月第 3 版　2025 年 6 月第 1 次印刷
印　数	0001—2000 册
定　价	**34.00 元**

第 3 版前言

党的十八大以来，以习近平同志为核心的党中央深刻洞察新一轮科技革命和产业变革趋势，牢牢把握全球信息化发展与数字化转型的重大历史机遇，高度重视、全面布局、统筹推进网络强国、数字中国建设。2022 年 10 月，习近平总书记在党的二十大报告中指出："教育、科技、人才是全面建设社会主义现代化国家的基础性、战略性支撑。""我们要坚持教育优先发展、科技自立自强、人才引领驱动，加快建设教育强国、科技强国、人才强国，坚持为党育人、为国育才，全面提高人才自主培养质量，着力造就拔尖创新人才，聚天下英才而用之。"

随着信息化社会的高速发展，计算机应用已经深入社会的各个领域，办公软件已经成为各行各业不可或缺的工具。熟练操作计算机已经成为当今人们所必须要掌握的一项基本技能，计算机的操作水平已成为衡量一个人综合素质的重要标准之一，越来越多的人渴望了解计算机的操作方法和常用应用软件的使用方法。

本书延续第 2 版的撰写风格，并对第 2 版内容进行了全新升级和修改，增加或删除了部分实例，使内容结构更加合理。本书首先介绍当前流行的 Windows 11 操作系统的相关操作，再从实用的角度出发，结合应用实例，模拟真实环境，依照实例与任务驱动的教学理念，全面、系统地介绍 Word、Excel 和 PowerPoint 的使用方法与技巧，旨在帮助读者全面、系统地掌握 Word、Excel 和 PowerPoint 在办公中的应用。需要说明的是，本书中的实例操作以 Microsoft Office 2021 软件为平台，但同样适用于 Microsoft Office 365/2019/2016 版本。

本书有如下特色：

（1）融入思政元素提升教学内容。党的二十大报告指出："教育是国之大计、党之大计。培养什么人、怎样培养人、为谁培养人是教育的根本问题。育人的根本在于立德。全面贯彻党的教育方针，落实立德树人根本任务，培养德智体美劳全面发展的社会主义建设者和接班人。"本书一方面介绍软件的基本操作、实例的操作步骤；另一方面融入中国飞速发展的生动素材，将中国的好故事、好素材"植入"到应用实例、课后操作题、实验实训中，培养学生的政治认同、家国情怀、文化素养、法治意识和道德修养。

（2）采用"实例导读＋实例分析＋技术要点＋操作步骤＋实例总结＋操作题＋实验"的结构。本书以实际学习和工作中的应用实例为载体，将技术要点完全融入其中。这样的设计使读者通过实际问题，掌握分析问题、解决问题、巩固方法的全过程，增强处理问题的能力，积累工作经验，养成良好的学习和工作习惯。

（3）提供操作过程视频演示和教学素材资料下载。本书中实例的重要操作过程、课后操作题答案配有视频，视频由具有多年一线教学经验的教师进行讲解。读者可以通过扫描书中的二维码，在手机上观看视频，随时随地学习。书中还穿插一些"知识拓展"视频，帮助读者更好地学习。另外，本书配有实例素材、课后操作题素材及答案和实验指导书等丰富的教学资源，供读者使用。

本书由山东建筑大学吴永春、吴学霞任主编，浙江水利水电学院谢楠、山东英才学院尹瑞林、山东建筑大学李婧和周蓓蓓任副主编，山东建筑大学石林、秦峰华、徐敏参与编写。此外，山东建筑大学商学院 23 级研究生程文静、22 级研究生张美艳、24 级研究生边苗、22 级本科生刘鹏程和张嘉璇，艺术学院 23 级本科生马春润参与本书的文字整理、图像绘制、数据导入、书稿校对、视频剪辑等工作。本书在编写过程中得到了山东建筑大学教务处、商学院，浙江水利水电学院教务处、计算机科学与技术学院，山东英才学院教务处、商学院（国际学院）领导和老师们的大力支持和帮助，同时参考了大量书籍和相关资料，在此一并表示衷心的感谢。

麒麟软件有限公司、北京奇虎科技有限公司、潍坊北大青鸟华光照排有限公司、淄博光合花火信息技术有限公司（字体天下）等在技术和素材方面提供了很多帮助，在此致以诚挚的感谢。

由于编者水平所限，书中难免存在不妥之处，另外，由于 Windows、Microsoft Office 等软件在不断升级和更新，或者由于软件版本的不同，实际的显示和操作可能会与书中介绍有所差异，恳请广大读者批评指正，以便我们能够及时进行改进和完善。

编者

2025 年 1 月

第1版前言

办公自动化（Office Automation，OA）是将现代化办公和计算机网络功能结合起来的一种新型的办公方式。办公自动化没有统一的定义，凡是在传统的办公室中采用各种新技术、新机器、新设备从事办公业务，都属于办公自动化的领域。在行政机关，普遍把办公自动化称为电子政务，企事业单位则称OA，即办公自动化。通过实现办公自动化，或者说实现数字化办公，可以优化现有的管理组织结构，调整管理体制，在提高效率的基础上，增加协同办公能力，强化决策的一致性，最后实现提高决策效能的目的。

办公自动化是一项综合性的科学技术，它涉及系统科学、行为科学、信息科学和管理科学等，是一门交叉性的综合学科。办公自动化的概念源于20世纪60年代初的美国，20世纪70年代中期在西方发达国家迅速发展起来，20世纪80年代在我国逐渐兴起。在办公自动化技术的不断发展过程中，相关的教材和参考书籍也在不断更新。这些书籍和教材大都以办公自动化软件的基本应用为主，对高级应用和综合应用涉及较少，难以满足教学和实际工作的需要。

本书由许大盛和吴永春制定编写大纲，第一章由石林编写，第二章由吴永春编写，第三章由吴学霞编写，第四章由秦峰华编写。全书由许大盛和杜忠友审核并统稿。

本书的编写参考了许多同行的教材、讲义、网站以及网上论坛中的资料等，在此表示感谢和敬意。

由于编者水平有限，如有不妥之处，恳请广大读者批评指正。

编者

2015 年 5 月

第 2 版前言

随着计算机的普及，计算机的应用已经渗透到社会的各个领域。办公自动化技术已经融入人们的学习和工作中，为人们提供了极大的便利。通过实现办公自动化，或者说实现数字化办公，可以优化现有的管理组织结构，调整管理体制，在提高效率的基础上，增加协同办公能力，强化决策的一致性，最后实现提高决策效能的目的。

当前介绍办公自动化的书籍很多，但普遍以全面介绍办公自动化概念、设备使用及 Office 办公软件基础知识等为主，较少涉及企事业单位办公的实际应用，如操作系统和应用软件的安装、高校学位论文格式的调整、企业对数据的高级筛选、PowerPoint 模板的制作等。为弥补这一不足，编者结合近几年从事办公自动化教学的经验，收集相关实用案例和资料，编写了本书。

第 1 版教材在四年的使用过程中，我们发现有些内容需要补充和完善，也发现了一些问题。因此第 2 版对部分章节进行了重写或增补了新的内容，具体包括：第一章增加了操作系统 Windows 7 和应用软件的安装，增加了 Windows 7 附件等内容，删除了数字证书的安装和使用；第二章重新制作了公章；第四章删除了部分链接失效的网站；新增了第五章，主要包括 Word、Excel 和 PowerPoint 之间的交叉应用。

本书第 2 版的出版得到了中国水利水电出版社的大力支持，在此表示诚挚的谢意！

由于编者水平有限，书中难免有不妥之处，恳请广大读者批评指正。

编者

2019 年 11 月

目录

第一章 Windows 操作系统

操作系统（operating system，OS）是一种内置的程序，用来协作计算机的各种硬件与软件，以与用户进行交互。常见的操作系统有 Windows、MacOS、Linux 和银河麒麟（KylinOS）。操作系统按应用领域可以分为四种：桌面操作系统、服务器操作系统、移动操作系统（即手机操作系统）和其他操作系统（如云、嵌入式、物联网操作系统等）。我国的桌面操作系统起步较晚，大部分计算机用户使用的是国外进口的操作系统。但是，近年来我国的国产操作系统逐渐普及。目前，银河麒麟操作系统已在党政、金融、交通、能源、教育等多个领域深入应用，并默默支撑着"嫦娥探月""天问探火"等一个个令国人骄傲自豪的大国重器。移动操作系统主要应用在智能手机上，主流的移动操作系统有 Google（谷歌）公司的 Android、苹果公司的 iOS 和华为公司的 HarmonyOS 等。

资源 1-1
银河麒麟
操作系统

操作系统是人与计算机之间的接口，也是计算机的灵魂。本章重点介绍微软（Microsoft）公司的 Windows 11 操作系统。相较于 Windows 其他版本，Windows 11 专为混合工作设计，使工作更加高效和安全，使 IT（information technology，信息技术）更简单。

第一节 Windows 11 操作系统的升级与安装

一、Windows 11 操作系统的安装要求

在安装 Windows 11 操作系统之前，需要确认计算机是否满足安装要求。

（一）计算机配置要求

与以前的版本相比，Windows 11 对计算机的配置要求更高，其对计算机配置的最低系统要求见表 1-1。

表 1-1　　　　　　　　Windows 11 对计算机配置的最低系统要求

硬件	配 置 要 求
处理器	1GHz 或更快的兼容性 64 位处理器（拥有两个或多个内核）
内存	4GB RAM（random access memory，随机存取存储器）
存储	64GB 或更大的存储设备
系统固件	支持 UEFI（unified extensible firmware interface，统一可扩展固件接口）安全启动

续表

硬件	配　置　要　求
TPM	受信任的平台模块（trusted platform module，TPM）2.0 版本
显卡	DirectX 12 兼容显卡/WDDM 2.x
显示分辨率	大于 9 英寸（1 英寸＝0.0254 米），HD 高分辨率（720p）

资源 1-2
检查计算机
配置

（二）检查计算机配置

1. 方法一：使用"电脑健康状况检查"软件检查

使用"电脑健康状况检查"软件检查计算机是否满足 Windows 11 的安装要求，具体操作步骤如下：

（1）检测计算机是否安装"电脑健康状况检查"软件。

利用任务栏上的搜索框来搜索"电脑健康状况检查"软件，如果搜索不到则需要安装。

（2）安装"电脑健康状况检查"软件。

1）在"电脑健康状况检查"官网下载并运行安装软件。

2）安装完成后，打开并进入应用界面，单击"立即检查"按钮，如图 1-1 所示。

3）如果提示"这台计算机满足 Windows 11 要求"，则表示该计算机可以安装 Windows 11 操作系统；如果提示"这台计算机当前不满足 Windows 11 系统要求"，则表示该计算机无法正常安装或升级 Windows 11 操作系统。

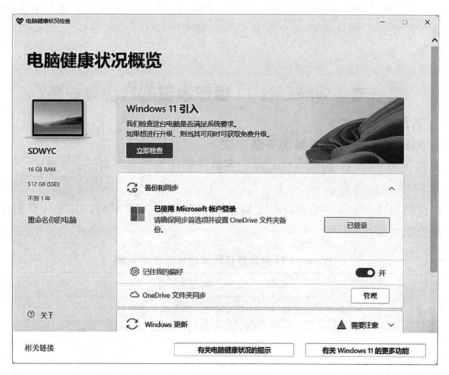

图 1-1　"电脑健康状况概览"检查界面

2. 方法二：手动检查

使用手动检查计算机是否满足 Windows 11 的安装要求，具体操作步骤如下：

（1）右击这台计算机的"开始"按钮，并选择"系统"命令，如图 1-2 所示。

（2）对照表 1-1 的最低配置表进行对比就可以了。

图 1-2　计算机配置"系统信息"

二、通过更新推送升级 Windows 11

在检查计算机满足 Windows 11 安装要求后，可以通过更新推送升级，具体操作步骤如下：

（1）在 Windows 中，使用任务栏上的搜索框来搜索"检查更新"，选择并进入"Windows 更新"界面。

（2）检查完毕后，如果不是最新版本，单击"立即重新启动"按钮，进入"Windows 11 更新升级"程序，系统自动完成更新升级，并自动重新启动。

资源 1-3
通过更新
推送升级
Windows 11

三、通过 Windows 11 安装助手升级

如果计算机符合 Windows 11 的安装要求，但因为当前系统版本不支持或未收到 Windows 11 更新推送而无法升级，可以使用 Windows 11 安装助手升级。

Windows 11 安装助手会自动检测设备是否满足 Windows 11 的升级条件并自动执行升级，具体操作步骤如下：

（1）打开微软官网，进入 Windows 11 下载页面，单击"Windows 11 安装助手"

资源 1-4
通过
Windows 11
安装助手升级

下方的"立即下载"按钮，下载该程序。

（2）运行该程序，在打开的"Windows 11 安装助手"对话框中，单击"接受并安装"按钮。

（3）安装助手会下载 Windows 11 安装镜像，下载完成后，会对下载的镜像进行验证，然后开始安装 Windows 11 镜像，并显示安装进度。

（4）当安装进度达到 100％时，将会进入"Windows 安装程序"的"正在获取更新"界面，并检查安装条件。此后，系统将会进行自动更新，用户可根据安装向导提示进行安装，直至完成。

四、全新安装 Windows 11 操作系统

前面介绍的两种方法，适用于在系统能正常运行的情况下对当前系统进行升级。如果要在新硬盘中安装 Windows 11 或全新安装 Windows 11，则可以采用以下方法进行安装。

1. 制作启动盘

现在计算机自带光驱设备的越来越少，因此，采用 U 盘作为启动盘，制作过程如下：

（1）打开微软官网的 Windows 11 下载页面，在"创建 Windows 11 安装媒体"区域下，单击"立即下载"按钮，下载创建工具。

（2）将 U 盘插入计算机 USB（universal serial bus，通用串行总线）接口，并运行下载程序，打开"适用的声明和许可条款"对话框。

（3）单击"接受"按钮，打开"选择语言和版本"对话框。

（4）保持默认选项不变，单击"下一页"按钮，打开"选择要使用的介质"对话框。

（5）选中"U 盘"单选按钮，并单击"下一页"按钮，在打开对话框的"可移动驱动器"列表中选择要使用的 U 盘，单击"下一页"按钮，打开"正在下载 Windows 11"对话框。

（6）此时该工具会开始下载 Windows 11 安装镜像，并显示下载进度，下载完成后，即会创建 Windows 11 介质。

（7）创建 Windows 11 介质完成后，进入"你的 U 盘已准备就绪"界面，单击"完成"按钮，打开 U 盘即可看到 Windows 11 的安装文件。

2. 安装 Windows 11

使用 U 盘安装 Windows 11，操作过程如下：

（1）首先将计算机的第一启动项设置为 U 盘启动，即可开始使用 U 盘安装 Windows 11。

（2）将 U 盘插入计算机 USB 接口，按计算机电源键，即可开始加载 Windows 11安装程序，进入启动界面，此时用户不需要执行任何操作，然后将会弹出"Windows安装程序"界面，保持默认选项，单击"下一页"按钮，然后按照向导提示进行后续安装，直至完成 Windows 11 的安装操作，进入 Windows 11 系统桌面。

第二节　常用应用软件的安装与卸载

一、常用应用软件及其分类

应用软件泛指那些专门用于解决各种具体应用问题的软件。由于计算机的通用性和应用的广泛性，应用软件比系统软件更丰富多样。按照应用软件的开发方式和适用范围，应用软件可再分成通用应用软件和定制应用软件两大类。

生活在现代社会，不论是学习还是工作，不论从事何种职业、处于什么岗位，人们都需要阅读、书写、通信、娱乐和查找信息，有时可能还要作讲演、发消息等。这些活动能够高效地完成都需要相应的软件做支撑。这些软件按照不同用途可以分若干类。例如，文字处理软件、电子表格软件、演示软件、安全软件、压缩软件及解压缩软件、下载工具软件、文字输入软件、网络浏览器、图形图像软件、媒体播放软件、视频软件、网络音乐软件、视频格式转换软件、网络通信软件、软件管理工具、软件强制卸载工具等，见表1-2。这些软件设计得很精巧，易学易用，多数用户几乎不经培训就能使用。在普及计算机应用的进程中，它们起到了很大的作用。

表 1 - 2　　　　　　　　　　应用软件的主要类别和功能

类　别	功　能	举　例
文字处理软件	文字编辑、文字排版等	金山 WPS、微软 Word、腾讯文档等
电子表格软件	数据计算、图表制作等	金山 WPS、微软 Excel、腾讯表格等
演示软件	幻灯片制作与播放等	金山 WPS、微软 PowerPoint、腾讯幻灯片等
安全软件	计算机杀毒、网络安全等	kaspersky（卡巴斯基）、360 安全卫士、腾讯电脑管家、金山毒霸、火绒安全等
压缩软件及解压缩软件	压缩文件以进行传输，节约空间，并对上述压缩文件进行解压恢复原状	WinRAR、WinZip、360 压缩、Win7z、7 - Zip 等
下载工具软件	提升软件网络下载速度等	迅雷、电驴等
文字输入软件	文字录入、特殊字符录入	微软输入法、科大讯飞输入法、搜狗输入法、QQ 输入法等
网络浏览器	上网浏览网页	360 浏览器、Chrome 浏览器、Firefox 浏览器、微软 Edge、2345 浏览器等
图形图像软件	图像处理、工程图及流程图绘制、动画制作等	Photoshop、AutoCAD、美图秀秀、微软 Visio、亿图图示等
媒体播放软件	播放各种数字音频和视频文件等	360 视频播放器、PotPlayer 媒体播放器、暴风影音、QQ 影音等
视频软件	影视库、综艺视频等	腾讯视频、爱奇艺视频、西瓜视频、优酷视频等
网络音乐软件	网络音乐、评书等	酷狗音乐、酷我音乐、QQ 音乐等
视频格式转换软件	视频格式转换	风云视频转换器、格式工厂等

续表

类　别	功　能	举　例
网络通信软件	聊天、网络电话、传输文件等	QQ、微信、钉钉等
软件管理工具	软件的下载安装、升级、卸载等	360 软件管家、腾讯软件管家、百度软件管家、2345 软件管家
软件强制卸载工具	强制卸载一些正常无法卸载的软件，强制删除软件残留文件	Geek Uninstaller、Uninstall Tool 等

二、应用软件安装的注意事项

在安装应用软件的过程中，需要注意以下事项。

1. 注意软件的来源和安全

资源 1-5
360 与网络
安全

选择一个可靠的软件来源非常重要，避免从不信任的网站或来源下载软件。建议从官方网站或通过可靠的下载网站下载软件，以确保软件的安全和稳定性。同时，在安装软件之前，可以使用杀毒软件对软件进行扫描，确保软件没有被病毒感染。

2. 注意安装地址

多数情况下，软件的默认安装地址在 C 盘，但 C 盘是计算机的系统盘，如果 C 盘中安装了过多的软件，很可能导致软件无法运行或运行缓慢。

3. 注意是否有捆绑软件

很多时候，在安装软件的过程中，会安装一些用户不知道的软件，这些软件被称为捆绑软件。在安装软件的过程中，一定要注意是否有捆绑软件，若有，一定要取消捆绑软件的安装。

4. 注意不要安装过多或功能相同的软件

每个软件安装在计算机中都会占据一定的计算机资源，如果安装的软件过多，会使计算机反应变慢；如果安装功能相同的软件，也可能导致两款软件之间出现冲突，使软件无法正常运行。

三、应用软件的安装与升级

安装应用软件需要获取软件安装包，一般有 3 种方法可以采用，分别是从软件官网下载、从软件管家中下载和从应用商店下载（此种方法主要用于手机客户）。

（一）下载安装应用软件

1. 方法一：从软件官网下载

资源 1-6
在官方网站
下载安装
应用软件

官网是公开团体主办者体现其意志想法，团体信息公开，并带有专用、权威、公开性质的一种网站。从官网上下载软件安装包是最常用的方法，也是提倡的一种方法。以在官方网站下载安装 360 安全卫士为例，具体下载步骤如下：

（1）打开网络浏览器，使用搜索引擎搜索软件官网或直接在地址栏中输入官网网址。打开 360 安全卫士软件安装包的下载页面，如图 1-3 所示，单击"下载"按钮。

（2）下载完成后，单击"打开"按钮，即可运行该软件的安装程序。

（3）弹出"打开文件-安全警告"对话框，用户可以单击"运行"按钮直接按照向导安装软件，安装完成后即可使用。

图 1-3　360 安全卫士软件安装包地址

2. 方法二：从软件管家中下载

下面以 360 软件管家为例，介绍其下载并安装软件的方法。360 软件管家是一款集下载、安装、升级、卸载、购买软件的管理工具，软件库中收录万款正版软件，均经过 360 安全中心白名单检测。

（1）打开 360 软件管家，如图 1-4 所示，在搜索框输入所需软件，这里输入"360 极速浏览器"。

资源 1-7
用软件管家
下载安装
应用软件

图 1-4　360 软件管家界面

（2）进入搜索结果界面，并单击"安装"右侧的"三点"符号。如果选择"下载安装包"，则和方法一相同。这里选择"安装"。

（3）进入下载并安装程序，并显示安装进度条，安装完成后即可使用软件。

（二）更新和升级软件

资源 1-8
应用软件
更新和升级

应用软件公司会根据用户的需求，不断对软件升级一些新的功能，提高软件的用户体验。更新和升级软件的方法一般有软件自动检测升级和使用软件管家升级。以更新 360 安全卫士为例，介绍应用软件升级的一般步骤。

1. 方法一：软件自动检测升级

（1）在 360 安全卫士主界面中，单击"主菜单" ▤ 按钮，在弹出的菜单中，单击"检测更新"选项。

（2）弹出"升级"对话框，单击"升级"按钮即可进行更新。如果当前应用软件是最新版本，则显示"安全卫士已是最新版本"。

2. 方法二：使用软件管家升级

用户可以通过软件管家升级计算机中的应用软件，此处以 360 软件管家为例，介绍如何一键升级计算机中的软件。

（1）打开 360 软件管家升级界面，在左侧的"升级"按钮上，可以看到显示的数字"7"，表示有 7 款软件可以升级。

（2）单击"升级"按钮，在 360 软件管家升级界面中即可看到可升级的软件列表，如图 1-5 所示。如果要升级单个软件，则单击该软件右侧的"快升或升级"按钮即可；如果要升级全部软件，则单击"全选"复选框，再单击界面右下角的"一键升级"按钮，即可同时升级多个软件。

图 1-5 360 软件管家升级界面

四、应用软件的卸载

当安装的软件不再使用时，可以将其卸载，以腾出更多的空间来安装需要的软件。在 Windows 11 中，卸载软件有两种方法。

1. 在"安装的应用"窗口中卸载软件

在 Windows 11 中，在"安装的应用"窗口中卸载软件是基本的方法，其具体操作步骤如下：

（1）单击"开始"■按钮，或按键盘上的【Windows】键，打开"全部"列表，右击要卸载的软件图标，在弹出的菜单中，选择"卸载"命令。

（2）右击"开始"■图标，在菜单中选择"安装的应用"。打开"安装的应用"窗口，再次选择要卸载的软件，单击"…"选择"卸载"即可。

2. 使用软件管家卸载软件

同样的，以 360 软件管家为例，单击"卸载"按钮进入软件卸载列表，勾选要卸载的软件，单击"一键卸载"或软件后面的"卸载"按钮，即可完成卸载，如图 1-6 所示。

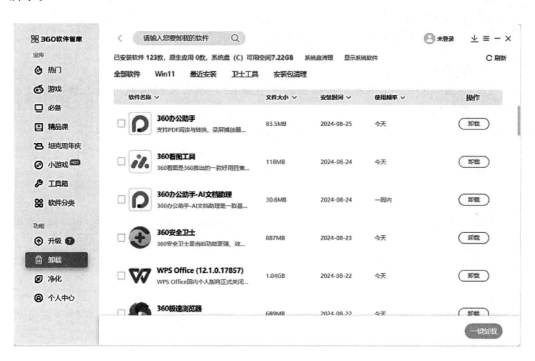

图 1-6　360 软件管家卸载列表

第三节　Windows 11 自带应用软件

Windows 11 提供了一些实用的小程序，如写字板、便笺、画图、计算器、记事本、截图工具等。

一、写字板

写字板是 Windows 11 系统提供的一个文字处理软件，它提供了简单的文字编辑、排版及图文处理等功能，支持多种文本格式，可保存为 RTF 文档、Office Open XML 文档、OpenDocument 文本、文本文档、文本文档-MS-DOS 格式、Unicode 文本文档等。

选择"开始/全部/Windows 工具/写字板"，即可启动写字板程序；也可在搜索框中直接搜索"写字板"；或者右击开始，在菜单中选择"运行"，输入"write"。

写字板部分模块功能如下：

（1）标题栏：显示当前文档的名称。左侧为快速访问工具栏，默认有"保存""撤销""重做"按钮，该工具栏可自定义；右侧为窗口控制按钮，用于最小化、最大化/还原和关闭窗口。

（2）功能区：由"文件"选项卡、"主页"选项卡和"查看"选项卡组成，每个选项卡包含一组命令。

（3）标尺：为用户提供文字位置的参考依据，也可用于段落缩进的设置。

（4）文档编辑区：是主要工作区域，用于文档的输入、编辑和显示等。

（5）缩放栏：显示或调整当前文档的显示比例。

二、便笺

便笺是 Windows 11 为用户提供的用于在桌面上显示提醒信息的小工具，和日常生活中的便笺相似。

（1）选择"开始/全部/便笺"，即可启动便笺程序。

（2）单击"＋"则可以新建便笺；单击"×"则可关闭便笺；鼠标指针定位插入点即可输入内容；单击便笺上方拖动可移动位置。

三、画图

画图是 Windows 11 自带的一款图像绘制和编辑工具，用户可以用它绘制简单图像或对计算机中的图片进行处理。选择"开始/全部/画图"，即可启动画图程序。

资源 1-10
计算器的
绘图功能

四、计算器

计算器是 Windows 11 提供的一个数值运算的程序，使用计算器可以进行加、减、乘、除等简单的运算，此外，它还提供了标准、科学、绘图、程序员、日期计算及转换器等高级功能。

（1）选择"开始/全部/计算器"，即可启动计算器程序。

（2）计算器 4 种基本操作界面如图 1-7 所示。

五、记事本

记事本是一个纯文本编辑器，比较适合写没有格式的文字或程序文件，其格式扩展名为.txt，因为只存储文本信息，所以文件占用空间小。"记事本"窗口中没有工具栏、格式栏和标尺，可以通过"编辑"菜单中的"字体"命令对文字进行简单的字体、字形、字号的设置；通过"查看"菜单中的"自动换行"命令设置是否根据窗口

（a）标准　　　　　　　　　　　　　　　　（b）科学

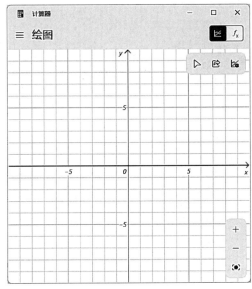

（c）绘图

（d）程序员

图 1-7　计算器 4 种基本操作界面

大小自动换行；通过"编辑"菜单下的各项命令对文本进行复制、剪切和粘贴操作。选择"开始/全部/记事本"，即可启动记事本程序。

六、截图工具

截图工具可以将计算机屏幕上内容截取下来并以图片的形式保存或复制到其他程序当中。选择"开始/全部/截图工具"，即可启动截图工具程序。

资源 1-11
截图工具
的使用

操 作 题

资源 1-12
操作题

1. 登录 360 官网,安装驱动大师。

2. 利用 360 软件管家安装 360 安全浏览器。

3. 利用"安装的应用"窗口卸载 360 安全浏览器。

4. 利用 360 软件管家卸载驱动大师。

5. 利用计算器完成下列各题。

(1) $\sqrt[3]{126}$; $\log_8^9$; e^4 ; $\sin 30°$; $\sin \dfrac{\pi}{2}$; $\arctan 1$ 。

(2) $(110)_2 = ($ $)_{10}$; $(119)_{10} = ($ $)_2$; $(119)_{10} = ($ $)_8$; $(119)_{10} = ($ $)_{16}$ 。

实验一

(3) 绘制单位圆的图形;绘制双曲线 $x^2 - y^2 = 1$;绘制正切函数 $y = \tan x$;绘制双曲正弦函数 $y = \dfrac{e^x - e^{-x}}{2}$;绘制星形线 $x^{\frac{2}{3}} + y^{\frac{2}{3}} = 1$;绘制概率曲线 $y = e^{-x^2}$;绘制箕舌线 $y = \dfrac{1}{x^2 + 1}$;绘制蔓叶线 $y^2(2 - x) = x^3$;绘制心形线 $x^2 + y^2 + x = \sqrt{x^2 + y^2}$;绘制伯努利双纽线 $(x^2 + y^2)^2 = x^2 - y^2$ 。

第二章 Microsoft Word

Microsoft Word 是 Microsoft 公司开发的办公套件 Microsoft Office 的重要组成部分，是最为广泛使用的文字处理软件，可以创建多种类型的文档文件，不仅可以对文字信息进行处理与排版，还可以添加图片、图形、表格、艺术字、公式等对文档进行修饰和美化。本章讲解内容基于 Word 2021，Word 2021 是较新版本的字处理软件，它支持多种文本格式、图形和表格，并具有简单易用的用户界面和强大的功能。本章所讲的内容和功能仍适用于 Word 以前的经典版本，例如 Word 2019、Word 2016 等。

其他的文字处理软件还有 Google Docs、Apple Pages、金山 WPS 文字和腾讯文档等。

第一节　党政机关公文

一、实例导读

党政机关公文是党政机关实施领导、履行职能、处理公务的具有特定效力和规范体式的文书，是传达贯彻党和国家的方针政策，公布法规和规章，指导、布置和商洽工作，请示和答复问题，报告、通报和交流情况等的重要工具①。无论从事专业技术工作，还是从事行政事务管理工作，都要学会通过公文来传达政令政策、处理公务，以保证协调各种关系，使工作正确、高效地进行。

二、实例分析

小建是一名优秀的本科毕业生，通过自己的努力，考取了选调生，被分配到某镇党政办公室工作，主要负责文件的收发、传递等，并协助办公室主任草拟综合性报告及以镇党委、政府名义发布的政策性文件等。有一天，办公室吴主任告诉小建，镇政府需要发布一份重要的公文通知，要求小建起草并尽快打印出来，交由主任和镇长审核。前期，小建对于一些文件录入、打印、收发、传递等工作，做得游刃有余。对于小建来说，"通知文件"是一项全新的任务。尽管小建以前没有做过此事，但他也接触过其他"通知文件"，而且自己曾经在大学一年级学习过"大学计算机"课程，在大学三年级学习过"办公自动化"课程，并且自己亲自编排过毕业论文，还

---

① 中华人民共和国中央人民政府门户网站. 党政机关公文处理工作条例 [EB/OL]. [2013−02−22].

获得了校级优秀学士学位论文奖。他相信通过自己掌握的 Office 技巧和经验，一定能完成任务，于是，他欣然接受了这项任务。等吴主任走后，小建开始着手工作，他先找出以前的"通知文件"，分析"通知文件"的结构和格式，然后开始草拟文件内容并编排格式。但事情并没有想象得那么容易，他对一些格式反复进行编排，仍然达不到理想效果。通过上网查询，小建才知道，党政机关公文的编辑排版有严格的格式标准［《党政机关公文格式》(GB/T 9704—2012)］，需要掌握相应的编排技巧，才能编排好。通过反复的操作练习，聪明能干的小建交出了令领导满意的答卷。

三、技术要点

《党政机关公文格式》(GB/T 9704—2012) 中对公文的布局排版进行了详细规定。主要用到如下技术要点和功能。

1. 页面设置

页面设置是指对页面元素的设置，主要包括文字方向、页边距、纸张方向、纸张大小、分栏、分隔符、行号、断字等内容。页面设置是文档编辑中非常重要的一部分，它决定了文档的外观、排版和印刷效果。合理设置页面大小、方向、边距等参数，可以使文档更加专业、整洁地展示内容。页面设置的方法一般有两种：一种是使用"布局"选项卡"页面设置"功能组中的相关命令按钮进行设置，如图 2-1 所示；另一种是使用"页面设置"对话框进行设置，如图 2-2 所示。

图 2-1　"页面设置"功能组

2. 页码

Word 页码通常位于页面的底部或顶部，是大型文档不可缺少的组成部分。页码可以帮助阅读者记住所阅读的位置，阅读起来会更加方便。页码设置方法一般是使用"插入"选项卡"页眉和页脚"功能组中的"页码"命令按钮进行设置，如图 2-3 所示。

3. 字体

字体设置包括字体、字形、字号、颜色、下划线、上标、下标等。设置方法一般有两种，一种是使用"开始"选项卡"字体"功能组中的相关命令按钮进行设置，如图 2-4 所示；另一种是使用"字体"对话框进行设置，如图 2-5 所示。

4. 段落

段落设置包括项目符号、编号、列表、缩进、对齐、行和段落间距、底纹及边框设置等。设置方法一般有两种，一种是使用"开始"选项卡"段落"功能组中的相关命令按钮进行设置，如图 2-6 所示；另一种是使用"段落"对话框进行设置，如图 2-7 所示。

5. 插图、文本对象及其排列

Word 中可以插入各种各样的图形，包括图片、形状、图标、3D 模型、SmartArt、图表及屏幕截图等。插图的方法一般是使用"插入"选项卡"插图"功能组中的相关命令按钮进行设置，如图 2-8 所示。

图 2-2 "页面设置"对话框

图 2-3 "页码"命令按钮

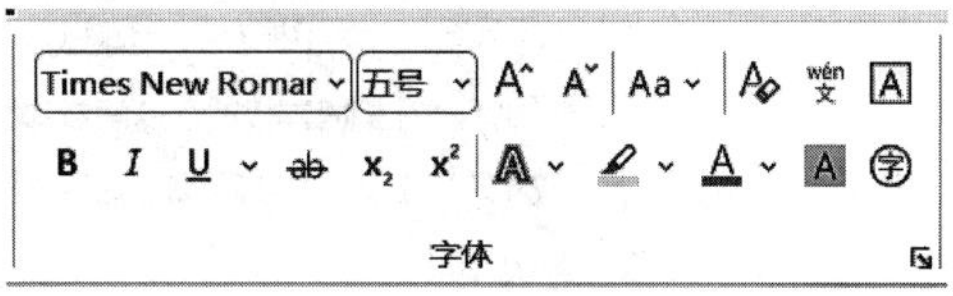

Times New Roman 字体 功能组

图 2-4 "字体"功能组

图 2-5 "字体"对话框

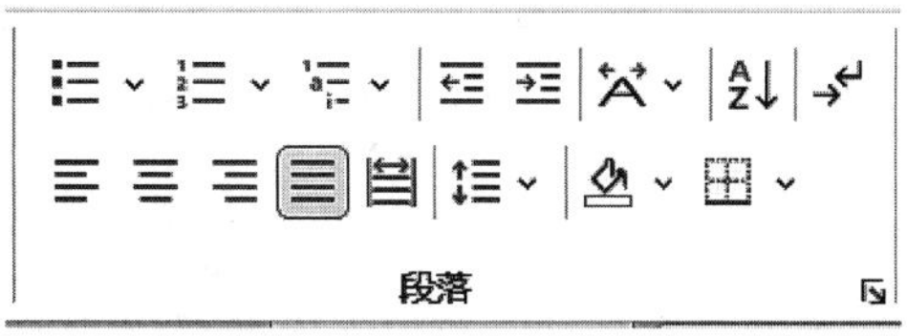

段落

图 2-6 "段落"功能组

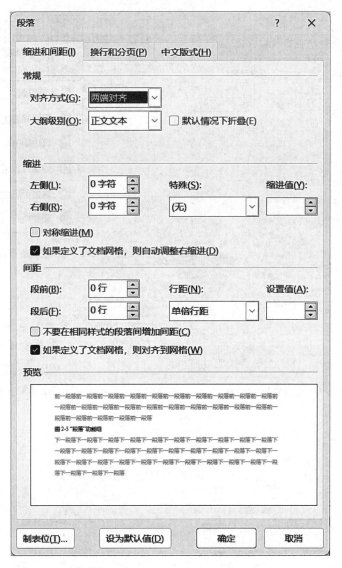

图 2-7　"段落"对话框

图 2-8　"插图"功能组

　　Word 中还可以插入文本对象，包括文本框、文档部件、艺术字、首字下沉、签名行、日期和时间、对象等。插入文本对象的方法一般是使用"插入"选项卡"文本"功能组中的相关命令按钮进行设置，如图 2-9 所示。

Word 中的排列用于指定图形、图片或文本对象的位置、层次、对齐方式、组合及旋转。设置方法一般有两种，一种是选中插入的对象，使用"布局"选项卡"排列"功能组中的相关命令按钮进行设置；另一种是选中插入的对象后，选项卡会自动出现"图片格式"选项卡或"形状格式"选项卡，再使用其中的"排列"功能组中的相关命令按钮进行设置即可，如图 2-10 所示。

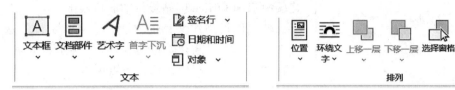

图 2-9 "文本"功能组   图 2-10 "排列"功能组

6. 表格

Word 软件提供了强大的制表功能，不仅可以自动制表，也可以手动制表。使用 Word 软件制作表格，既轻松又美观，既快捷又方便。表格除了常见于数据计算以外，还有一个功能便是文字定位。Word 表格常见操作包括创建表格、格式化表格、操作表格等。插入表格的方法一般是使用"插入"选项卡"表格"功能组中的命令进行设置，如图 2-11 所示。插入表格的常用方法有以下三种：第一种是创建"快速表格"，选择图 2-11 中最下面"快速表格"命令，在弹出的列表中选择需要的表格类型，即可插入所选择类型的表格；第二种是使用表格菜单创建表格，在图 2-11 中选择最上面的单元格矩阵，根据行列需要插入表格；第三种是使用"插入表格"对话框创建表格，在图 2-11 中选择单元格矩阵下面的"插入表格"命令，弹出"插入表格"对话框，根据要求设置表格的行数和列数即可。

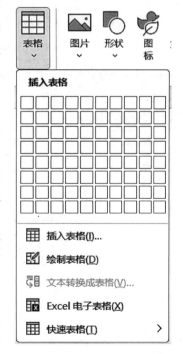

7. 格式刷

格式刷可以复制文本或段落的格式，使用它可以快速地设置文字的格式。使用时单击"开始"选项卡"剪贴板"功能组中的"格式刷"按钮；格式刷也可以多次使用，在多次使用时双击"格式刷"按钮；如果要结束使用可以再次单击"格式刷"按钮或者按键盘【Esc】键。具体使用方法是：①选择要复制格式的内容；②单击"格式刷"按钮；③选择要应用格式的其他内容；④若要在多个位置应用格式，则双击"格式刷"按钮。

8. 符号

在 Word 文档中，用户可以插入键盘以外的特殊字符、分数或其他符号。使用时单击"插入"选项卡"符号"功能组中的"符号"按钮；若需要使用更多符号，单击"其他符号"按钮。如图 2-12 所示。

图 2-11 "表格"功能组

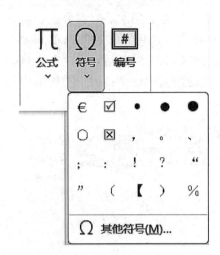

图 2-12 "符号"命令按钮

9. Word 模板

Word 模板是指 Microsoft Word 中内置的包含固定格式设置和版式设置的模板文件，用于帮助用户快速生成特定类型的 Word 文档。除了使用 Word 已安装的模板，用户还可以使用自己创建的模板和 Office 网站提供的联机模板。

使用模板创建文档的方法：①在"文件"选项卡中，单击"新建"按钮，打开"新建"面板；②在"新建"面板中，用户可以单击"空白文档""书法字帖"等 Word 自带的模板创建文档，还可以单击 Office 网站提供的"蓝灰色简历"等在线模板；③选择某一模板，单击"创建"按钮即可打开使用选中的模板创建的文档，用户可以在该文档中进行编辑。

创建新模板的方法：①单击"文件"选项卡中的"另存为"按钮，找到存放目录，打开"另存为"对话框；②在"保存类型"中选择"Word 模板（*.dotx）"或者"启用宏的 Word 模板（*.dotm）"即可，如图 2-13 所示。使用时，单击"文件"选项卡的"新建"按钮，在出现的"个人"选项卡中选择已经保存的可用的模板即可。

图 2-13 "另存为"对话框

四、操作步骤

新建一个 Word 文档，命名为"公文制作.docx"，首先进行页面设置和页码设置，然后再进行版头、主体、版记等内容编排。

1. 页面设置

（1）页边距设置。根据《党政机关公文格式》（GB/T 9704—2012）的要求，打开"页面设置"对话框，在"页边距"选项卡中将参数设置为"上：3.7 厘米，下：3.5 厘米，左：2.8 厘米，右：2.6 厘米"。

（2）纸张设置。根据《党政机关公文格式》（GB/T 9704—2012）的要求，在"纸张"选项卡中将"纸张大小"设成"A4"。

（3）布局设置。根据《党政机关公文格式》（GB/T 9704—2012）的要求，在"布局"选项卡中将"页眉和页脚"设置成"奇偶页不同"，在该选项前打"√"，距边界"页脚"设置成"2.47 厘米"（此设置可保证页码数字左右的一字线上距版心下边缘 7 毫米）。

（4）文档网格设置。首先，在"文档网格"选项卡中选中"指定行网格和字符网格"，将"每行"设置成"28"个字符；"每页"设置成"22"行，然后单击"确定"按钮。这样就将版心设置成了每页 22 行、每行 28 个字符的国家标准。然后，单击右下角的"字体设置"按钮，弹出"字体"对话框，选择"字体"选项卡，在"中文字体"下拉列表框中选择"仿宋"选项，在"字形"下拉列表框中选择"常规"选项，在"字号"下拉列表框中选择"三号"选项，单击"确定"按钮。如此，便符合公文字体一般用"三号仿宋体字"，特定情况可以按《党政机关公文格式》（GB/T 9704—2012）的要求进行适当调整。

2. 页码设置

（1）插入"第一页"（奇数页）页码。在第一页中，选择"插入"选项卡的"页眉和页脚"功能组中的"页码"命令按钮，再选择"页面底端"的"普通数字 3"命令。

（2）设置"第一页"（奇数页）页码格式。打开"页码格式"对话框，"编号格式"选择不带短横线的阿拉伯数字形式，"页面编号"选择"起始页码"为"1"。

（3）自定义"第一页"（奇数页）页码样式。在页脚编辑状态中，将鼠标指针置于页码左侧，打开"符号"对话框，选择"特殊字符"中的"长划线"，单击"插入"按钮，如图 2-14 所示，然后按空格键插入一个半角空格符；再把鼠标指针置于页码数字的右侧，插入一个半角空格符，以同样的方法插入一个"长划线"；最后选中页码文字，设置为"宋体四号字"，并将其"段落"格式设置为"右缩进"1 字符。

（4）插入"第二页"（偶数页）页码。类似地，在第二页中插入"普通数字 1"类型页码。

（5）设置"第二页"（偶数页）页码格式。打开"页码格式"对话框，"编号格式"选择不带短横线的阿拉伯数字形式，"页面编号"选择"续前节"。

（6）自定义"第二页"（偶数页）页码样式。参照第（3）步，设置页码样式，设置好后选中页码文字，设置为"宋体四号字"，并将其"段落"格式设置为"左缩进"1 字符。

资源 2-1
公文页码
设置

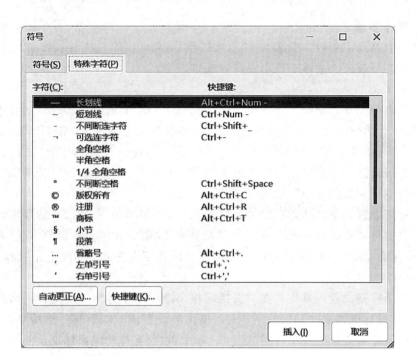

图 2-14　"符号"对话框

需要说明的是，版记位于公文最后一页，置于偶数页上。若公文的版记页前有空白页，则空白页和版记页均不编排页码。公文的附件与正文一起装订时，页码应当连续编排。

3. 版头编排

版头包括份号、密级和保密期限、紧急程度、发文机关标志等。根据《党政机关公文格式》（GB/T 9704—2012）的要求，做如下操作：

（1）标注份号。如需标注份号，一般用 6 位三号阿拉伯数字，顶格编排在版心左上角第一行。也可没有份号。

（2）标注密级和保密期限。如需标注密级和保密期限，一般用三号黑体字，顶格编排在版心左上角第二行；保密期限中的数字用阿拉伯数字标注。也可没有密级和保密期限。

（3）标注紧急程度。如需标注紧急程度，一般用三号黑体字，顶格编排在版心左上角。也可没有密级和保密期限。

如需同时标注份号、密级和保密期限、紧急程度，按照份号、密级和保密期限、紧急程度的顺序自上而下分行排列。

（4）标注发文机关标志。发文机关标志由发文机关全称或者规范化简称加"文件"二字组成，也可以使用发文机关全称或者规范化简称，不用加"文件"二字。根据《党政机关公文格式》（GB/T 9704—2012）的要求，发文机关标志居中排布，上边缘至版心上边缘为 35 毫米，推荐使用小标宋体字，颜色为红色，以醒目、美观、庄重为原则。

资源 2-2
字体下载、
安装与应用

联合行文时，如需同时标注联署发文机关名称，一般应当将主办机关名称排列在前；如有"文件"二字，应当置于发文机关名称右侧，以联署发文机关名称为准上下居中排布。

发文机关标志处在第四行，字体设置为小标宋体字，如果 Windows 中没有小标宋体字，则需要从网上下载安装。

发文机关标志的字号大小没有具体限定，可根据需要进行设置，所以发文机关标志所占位置高度是不确定的，要精确定位发文机关标志上边缘至版心上边缘为 35 毫米的布局设置，可采用参照物定位方法来实现，操作方法如下：

1）插入参照直线并设置直线的位置及版式。

a. 插入参照直线：选择"插入"选项卡的"插图"功能组，单击"形状"下拉按钮，选择"线条"区域的"直线"选项，拖曳鼠标，画出一条水平直线，作为定位用的参照物。

资源 2-3
Word 中插入
特殊形状

b. 设置参照直线的精确位置：选中水平直线，选择"布局"选项卡的"排列"功能组，单击"位置"下拉按钮，选择"其他布局选项"命令，弹出"布局"对话框。选择"位置"选项卡，在"水平"区域中，设置"绝对位置"值为"0 厘米"、"右侧"值为"页边距"；在"垂直"区域中，设置"绝对位置"值为"3.5 厘米"、"下侧"值为"页边距"，如图 2-15 所示（此处即为设置直线的垂直绝对位置距版心上边缘 35 毫米）。

图 2-15　参照直线精确位置设置

c. 设置参照直线的文字环绕方式：选中水平直线，在"排列"功能组中，单击"环绕文字"下拉按钮，选择"浮于文字上方"命令。

d. 设置参照直线的叠放次序：选中水平直线，在"排列"功能组中，单击"上移一层"下拉按钮，选择"置于顶层"命令。

e. 设置参照直线的长度：选中水平直线，打开"布局"对话框。选择"大小"选项卡，在"高度"区域中，设置"绝对值"为"0厘米"；在"宽度"区域中，设置"绝对值"为"15.6厘米"（即版心的宽度），如图2-16所示。

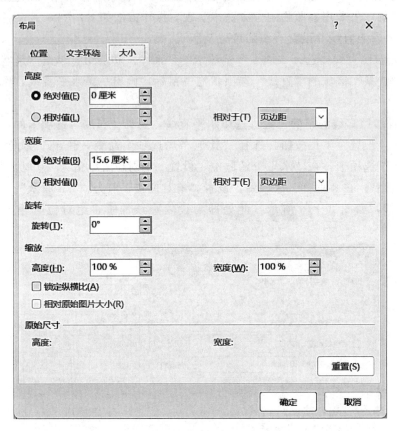

图 2-16 参照直线长度设置

2）设置文本框和文本。为了能够使发文机关标志自由移动，精确定位到对应位置，发文机关标志使用文本框的方式来添加。先插入一个文本框，并在文本框中输入发文机关标志，然后对文本框进行设置。具体操作步骤如下：

a. 插入文本框并输入发文机关标志：选择"插入"选项卡的"文本"功能组，单击"文本框"下拉按钮，选择"绘制横排文本框"命令，拖曳鼠标，画出一个文本框，在文本框中输入文字。

b. 设置文本框的宽度：选中文本框，类似地，在"布局"对话框，选择"大小"选项卡，在"宽度"栏中，设置为"15.6厘米"，高度视情况而定。

c. 设置文本框的形状填充和形状轮廓：选中文本框，选择"形状格式"选项卡的

"形状样式"功能组中的相关命令,设置形状填充为"无填充颜色",形状轮廓为"无轮廓"。

d. 设置文本框的环绕文字方式:选中文本框,选择"形状格式"选项卡的"排列"功能组,选择"环绕文字"中的"衬于文字下方"命令(一是方便自由拖曳,二是不遮挡参照直线)。

e. 设置文本的字体格式和段落格式:选择文本框中的文字,在"字体"功能组中,设置文字的字体为"小标宋体";字体颜色为"红色";字号大小根据需要设置。在"段落"功能组中,设置段落对齐方式为"居中"。

3)定位文本。拖曳文本框,使发文机关标志文字的上边缘与插入的参照直线水平重合(注意:这里对齐的是文字的上边缘,而非文本框的上边缘)。

4)联合发文的文本设置。联合发文时,多个发文机关标志的插入需要采用表格来实现。表格采用 N 行×2 列的规格,N 为发文机关数。各发文机关名称分别写在表格各行的第一列中,将文字的对齐方式设置为"分散对齐",以确保各发文机关名称文字两端对齐。将表格第二列中的所有单元格合并,并设置"对齐方式"为"文字在单元格内水平和垂直都居中",然后在合并后的单元格内输入"文件"。

将表格的边框设置为"无框线";底纹设置为"无颜色";调整列宽到合适的宽度,将整个表格对象设置为水平居中对齐。

最后采用与文本框类似的方法进行设置,使表格中的发文机关标志文字的上边缘与参照线对齐。

5)删除参照直线。发文机关标志定好位置后,选中参照直线,按删除键将其删除。

(5)发文字号和签发人。发文字号由发文机关代字、年份和发文顺序号三个要素组成。根据《党政机关公文格式》(GB/T 9704—2012)的要求,发文字号编排在发文机关标志下空两行位置,居中排布;年份、发文顺序号用阿拉伯数字标注,年份应标全称,用六角括号"〔〕"括入(注意是六角括号,不是方括号"〔〕"),发文顺序号不加"第"字,不编虚位(即 1 不编为 01),在阿拉伯数字后加"号"字;上行文需标识签发人姓名,其发文字号居左空一字编排,与最后一个签发人姓名处在同一行。

资源 2-4
插入六角
括号

根据《党政机关公文格式》(GB/T 9704—2012)的要求,签发人编排由"签发人"三字加全角冒号和签发人姓名组成,居右空一字,编排在发文机关标志下空二行位置;"签发人"三字用三号仿宋体字;签发人姓名用三号楷体字。如有多个签发人,签发人姓名按照发文机关的排列顺序从左到右、自上而下依次均匀编排,一般每行排两个姓名,回行时与上一行第一个签发人姓名对齐。

发文字号和签发人的设置方法如下:输入发文字号与签发人后,将文字对齐方式设置为"分散对齐",设置该段的左右缩进各为一个字符,然后在发文字号与签发人之间输入若干个空格,使它们挤向两端,这样就可以完成发文字号居左空一个字、签发人居右空一个字的设置。

(6)版头中的分隔线。根据《党政机关公文格式》(GB/T 9704—2012)的要求,发文字号之下 4 毫米处居中印一条与版心等宽的红色分隔线,线的粗细根据需要进行设置。经测试比较，红色分割线的粗细在 0.35～0.5 毫米之间比较美观。

要精确定位分隔线，可以采用参照物定位法来进行，具体操作方法如下：

1）插入参照文本框。插入一个用作参照物的文本框，将其高度设置为 0.4 厘米，宽度设置为 15.6 厘米，排列层次设置为"置于顶层"，环绕文字方式设置为"浮于文字上方"。

2）定位参照文本框。拖曳或移动文本框，使其边框上边缘与发文字号文字下边缘对齐。

3）插入分隔线。沿着文本框的下边缘线，对齐插入一条直线，将其设置为红色，按需设置其粗细为 1 磅（1 磅≈0.35 毫米），设置宽度为 15.6 厘米，高度为 0 厘米，并在版面上居中。

4）删除参照文本框。红色分割线设置好以后，将参照文本框删除。

版头编排示意图如图 2-17 所示。

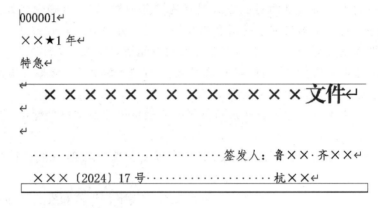

图 2-17　版头编排示意图

4．主体编排

党政公文的主体包括标题，主送机关，正文，附件说明，发文机关署名、成文日期和印章，附注，附件 7 项。

（1）标题。根据《党政机关公文格式》（GB/T 9704—2012）的要求，标题一般用二号小标宋体字，分一行或多行居中排布；回行时，要做到词意完整，排列对称，长短适宜，间距恰当，标题排列应当使用梯形或菱形。

（2）主送机关。根据《党政机关公文格式》（GB/T 9704—2012）的要求，主送机关一般用三号仿宋体字编排于标题下空一行位置，居左顶格，回行时仍顶格，最后一个机关名称后标全角冒号。如主送机关名称过多导致公文首页不能显示正文时，应当将主送机关名称移至版记。

（3）正文。根据《党政机关公文格式》（GB/T 9704—2012）的要求，公文首页必须显示正文。一般用三号仿宋体字，编排于主送机关名称下一行，每个自然段左空二字，回行顶格。文中结构层次序数依次可以用"一、""（一）""1.""（1）"标注，一般第一层用黑体字、第二层用楷体字、第三层和第四层用仿宋体字标注。

（4）附件说明。根据《党政机关公文格式》（GB/T 9704—2012）的要求，如有附件，在正文下空一行左空二字编排"附件"二字，后标全角冒号和附件名称。如有多个附件，使用阿拉伯数字标注附件顺序号（如"附件：1. ×××××"），附件名称后不加标点符号。附件名称较长需回行时，应当与上一行附件名称的首字对齐。

（5）发文机关署名、成文日期和印章。一般情况下，发文机关署名为三号仿宋体字，距最后一行正文内容三个空行放置，以成文日期为准居中编排；成文日期为三号仿宋字体，发文机关下方右空四字编排；印章需要加盖端正，以成文日期中心为准，印章下端压成文日期。其具体情况如下。

1）加盖印章的公文。上行文一定加盖印章，印章用红色，不得出现空白印章。成文日期一般右空四字编排。

单一机关行文时，一般在成文日期之上、以成文日期为准居中编排发文机关署名，印章端正、居中下压发文机关署名和成文日期，使发文机关署名和成文日期居印章中心偏下位置，印章顶端应当上距正文（或附件说明）一行之内。

联合行文时，一般将各发文机关署名按照发文机关顺序整齐排列在相应位置，并将印章一一对应、端正、居中下压发文机关署名，最后一个印章端正、居中下压发文机关署名和成文日期，印章之间排列整齐、互不相交或相切，每排印章两端不得超出版心，首排印章顶端应当上距正文（或附件说明）一行之内。

2）不加盖印章的公文。单一机关行文时，在正文（或附件说明）下空一行右空二字编排发文机关署名，在发文机关署名下一行编排成文日期，首字比发文机关署名首字右移二字，如成文日期长于发文机关署名，应当使成文日期右空二字编排，并相应增加发文机关署名右空字数。

联合行文时，应当先编排主办机关署名，其余发文机关署名依次向下编排。

3）加盖签发人签名章的公文。单一机关制发的公文加盖签发人签名章时，在正文（或附件说明）下空二行右空四字加盖签发人签名章，签名章左空二字标注签发人职务，以签名章为准上下居中排布，在签发人签名章下空一行右空四字编排成文日期。

联合行文时，应当先编排主办机关签发人职务、签名章，其余机关签发人职务、签名章依次向下编排，与主办机关签发人职务、签名章上下对齐，每行只编排一个机关的签发人职务、签名章，签发人职务应当标注全称，签名章一般用红色。

4）成文日期中的数字。用阿拉伯数字将年、月、日标全，年份应标全称，月、日不编虚位（即1不编为01）。

5）特殊情况说明。当公文排版后所剩空白处不能容下印章或签发人签名章、成文日期时，可以采取调整行距、字距的措施解决。

需要注意的是，公章按照单位程序要求完成。

（6）附注。如有附注，将其居左空两个字加圆括号编排在成文日期的下一行。

（7）附件。附件应当另起一页编排，并在版记之前，与公文正文一起装订。"附件"两字及附件顺序号用三号黑体字顶格编排在版心左上角第一行。附件标题居中编排在版心第三行。附件顺序号和附件标题应当与附件说明的表述一致。附件格式要求与正文一致。如附件与正文不能一起装订，应当在附件左上角第一行顶格编排公文的发文号并在其后标注"附件"两字及附件顺序号。

5. 版记编排

在公文末尾与版记第一个要素之间插入若干空行，根据实际情况依次输入版记部分各要素的文字内容，并按要求设置其格式。调整各空行的字号，使版记最后一个要素的文字与版心下边缘基本对齐，仅留出末条分隔线的空间。

(1) 版记中的分隔线。版记中的分隔线有三条，根据《党政机关公文格式》(GB/T 9704—2012) 的要求，版记中的分隔线与版心等宽，首条分隔线和末条分隔线用粗线（推荐高度为 0.35 毫米），中间分隔线用细线（推荐高度为 0.25 毫米）。首条分隔线位于版记中第一个要素之上，末条分隔线与公文最后一面的版心下边缘重合。

公文版记中分隔线设置的基本操作方法如下：

1) 插入线条。插入水平一条水平直线，选中"直线"，出现"形状格式"选项卡，在其"大小"功能组中，分别将"形状高度"设置为"0 厘米"、"形状宽度"设置为"15.6 厘米"，然后再复制 2 条相同直线。

2) 设置线条粗细。选中"直线"，将"形状轮廓"设置为"黑色"，首条和末条分隔线的"粗细"设置为"1 磅"，中间分隔线的"粗细"设置为"0.75 磅"。

3) 设置线条位置。

a. 设置 3 条线的水平位置。选中"直线"，打开"布局"对话框，在"位置"选项卡中，将"水平"区域的"对齐方式"设置为"居中"、"相对于"设置为"页边距"。

b. 设置分隔线垂直位置。版记中每条分隔线的垂直位置值是不同的，需要分别设置。

先设置末条分隔线的垂直位置。由于末条分隔线与公文最后一页的版心下边缘重合，将末条分隔线的"布局"对话框"位置"选项卡"垂直"区域中的"绝对位置"值设为"0 厘米"、"下侧"值设为"下边距"，并将"选项"区域的"允许重叠"复选框取消选中。

再设置首条和中间分隔线的垂直位置。假设首条分隔线距版心底部是两行，根据"文档网格设置"，行高是 28.95 磅，根据换算关系 28.95 磅≈1.02 厘米，所以首条和中间分隔线距版心底部分别是 2.04 厘米和 1.02 厘米。因此，将首条分隔线和第二条分隔线的"布局"对话框上"位置"选项卡的"垂直"区域中的"绝对位置"值分别设为"−2.04 厘米"和"−1.02 厘米"、"下侧"值均设为"下边距"，并将"选项"区域的"允许重叠"复选框取消选中。

(2) 抄送机关。根据《党政机关公文格式》(GB/T 9704—2012) 的要求，如有抄送机关，一般用四号仿宋体字，在印发机关和印发日期之上一行、左右各空一字编排。"抄送"二字后加全角冒号和抄送机关名称，回行时与冒号后的首字对齐，最后一个抄送机关名称后标句号。

如需把主送机关移至版记，除将"抄送"二字改为"主送"外，编排方法同抄送机关。既有主送机关又有抄送机关时，应当将主送机关置于抄送机关之上一行，中间不加分隔线。

（3）印发机关和印发日期。根据《党政机关公文格式》（GB/T 9704—2012）的要求，印发机关和印发日期一般用四号仿宋体字，编排在末条分隔线之上，印发机关左空一字，印发日期右空一字，用阿拉伯数字将年、月、日标全，年份应标全称，月、日不编虚位（即 1 不编为 01），后加"印发"二字。

版记结果示意图如图 2-18 所示。

抄送：××××，×××××××，×××××。↵

×××××××办公室·······················2024 年 2 月 1 日印发↵

图 2-18　版记结果示意图

（4）其他情况。版记中如有其他要素，应当将其与印发机关和印发日期用一条细分隔线隔开。

需要说明的是，版记位于公文最后一页，置于偶数页上。公文的版记页前有空白页的，空白页和版记页均不编排页码。

6. 公文模板

显而易见，编排一份完整的公文需要花费很多精力和时间才能完成。为了提高公文编排效率，用户可以把制作完成的公文保留，以便后面编排时，做相应修改后使用。或者，将其做成个人模板，以后要编排公文时，只需要打开公文模板，然后再修改就可以了。

五、实例总结

本实例是党政机关公文的一般模板，起到"抛砖引玉"的作用。由于机关公文按文种来分，包括决议、决定、命令、公报、公告、通告、意见、通知、通报、报告、请示、批复、议案、函、纪要等，可以根据《党政机关公文格式》（GB/T 9704—2012）的具体要求，做相应改变和调整。总之，只要能够熟练掌握 Word 的操作方法，就能制作出权威、规范、正规的文件。

需要特别注意的是，法律条文同样具有严格的格式要求。我们可以在"中国人大网"的"国家法律法规数据库"版块中进行学习。国家法律法规数据库目前提供中华人民共和国现行有效的宪法（含修正案）、法律、行政法规、监察法规、地方性法规、自治条例和单行条例、经济特区法规、司法解释电子文本。通过学习国家法律法规数据库，不仅能够学习法律文本的标准排版格式，还有助于尊法、学法、守法、用法，进一步提升公民法治素养和社会治理法治化水平。

第二节　调　查　问　卷

一、实例导读

调查问卷又称调查表或询问表，是以问题的形式系统地记载调查内容的一种印件。设计问卷是询问调查的关键。完美的问卷必须具备两个功能，即能将问题传达给被问者和使被问者乐于回答。要完成这两个功能，问卷设计时应当遵循一定的原则和程序，运用一定的技巧。

二、实例分析

小利是一名大学生，最近正在研究"大学生创新创业"相关的课题，需要进行调查分析。需要注意的是，有关调查问卷的具体内容不是本书讨论的重点，这里主要讨论的是制作调查问卷的方法。对于调查问卷在使用 Word 编辑过程中，有些内容是能够填写或者选择改动的，有些内容是固定不变的，尤其是一些格式是不能够变化的，这样就能有效地保证无论是谁在填写问卷时都能保证格式的一致性。小利想到 Word 有保护文档功能，通过限制编辑能够保护窗体以外的内容，正好符合上述要求。他便开始着手研究起来，顺利地完成了调查问卷的设计。

三、技术要点

制作调查问卷，需要用到以下技术要点和功能。

1．格式化文本

格式化文本一般是编辑文档所必不可少的内容，主要包括字体设置、段落设置。

2．窗体控件

窗体是一种结构化的文档，其中留有可以输入信息的空间。窗体可用于设计和填写调查表、履历表、合同、发票、课表及订单等。结合 Word 控件和保护文档功能，可以实现限制用户只能编辑文档窗体部分，只允许用户进行选择和填空操作等特殊效果。

Word 窗体控件如图 2－19 所示，旧式窗体控件如图 2－20 所示，ActiveX 控件如图 2－21 所示。

图 2－19　Word 窗体控件

图 2－20　旧式窗体控件

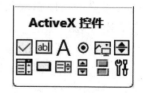
图 2－21　ActiveX 控件

（1）Word 窗体控件类型。

1）**Aa** 格式文本内容控件：提供一个区域，用户可以在其中输入格式文本。

2）**Aa** 纯文本内容控件：提供一个纯文本区域，不包含格式。

3）图片内容控件：用户可以在此控件中插入或粘贴图片。

4）构建基块库内容控件：提供可选择的文档构建基块。

5）复选框内容控件：创建可单击的复选框，允许用户在一组选项中选择或取消选择一个或多个值。

6）组合框内容控件：组合了文本型和下拉列表型控件功能，可单击向下箭头显示项目列表，也可以填写列表以外的项目。

7）▥下拉列表内容控件：提供一个预设选项列表，用户可以从列表中选择。

8）▦日期选择器内容控件：提供一个下拉菜单，可以使用日历选取日期。

9）▤重复分区内容控件：可让用户重复其中所包含的内容（包括其他内容控件）的控件。

（2）旧式窗体控件。旧式窗体控件主要包括 Word 2003 及更低版本的窗体类型。

1）▣文本域（窗体控件）：插入文本窗体域。

2）☑复选框（窗体控件）：创建可单击的复选框，允许用户在一组选项中选择或取消选择一个或多个值。

3）▤组合框（窗体控件）：提供一个预设选项列表，用户可以从列表框中选择。

4）▦横排图文框：插入旧式的 Word 图文框，作为操作窗体域的容器。

5）▨域底纹：切换窗体域的底纹，快速识别窗体域在文档中的位置。

6）◆重设窗体域：将窗体文档中的所有窗体域还原为它们的默认条目设置。

（3）ActiveX 控件。ActiveX 控件是由软件提供商开发的可重用的软件组件。

1）☑复选框（ActiveX 控件）：创建可单击的复选框，允许用户在一组选项中选择或取消选择一个或多个值。

2）▣文本框（ActiveX 控件）：文本框是一个矩形框，在其中可以查看、输入或编辑文本。

3）Ａ标签（ActiveX 控件）：提供说明性文本。

4）◉选项按钮（ActiveX 控件）：提供选项按钮，允许从一组有限的互斥选项中选择一个选项。

5）▣图像（ActiveX 控件）：通过使用图像控件嵌入图片。

6）▣数值调节钮（ActiveX 控件）：提供一对箭头键，用户可以单击它们来调整数值。

7）▤组合框（ActiveX 控件）：将文本框和列表框的功能融合在一起的一种控件，可单击向下箭头显示项目列表，也可以选择允许用户填写列表以外的项目。

8）▢命令按钮（ActiveX 控件）：插入按钮，用户单击时执行某个操作。

9）▤列表框（ActiveX 控件）：可以从列表中选择一个或多个文本项。

10）▤滚动条（ActiveX 控件）：插入滚动条，当单击滚动箭头或拖曳滚动块时，可滚动浏览一系列值。

11）▤切换按钮（ActiveX 控件）：指示一种状态（例如，是/否）或者一个模式（例如，打开/关闭）。单击时，该按钮在启用和禁用状态之间交替。

12）▨其他控件：插入此计算机提供的控制组中的控件。

3. 样式

通常快速设置文字或段落的格式有两种方法，一种是用格式刷；另一种是套用样式。采用套用样式的方法效率更高，修改更方便。样式分为内置样式和自定义样式两种，内置样式是 Word 本身所提供的样式；自定义样式是用户将其常用的格式定义为的样式。

样式是一套预先设置好的文本格式，文本格式包括字号、字体、缩进等，并且样式都有名称。应用样式时，可以在一段文本中应用，也可以在部分文本中应用，甚至可以在一个简单的任务中应用一组样式，且所有格式都是一次完成的。因此，使用样式可以迅速改变文档的外观。

使用样式最大的优点是当更改某个样式时，整个文档中所有使用该样式的段落也会随之改变。这样就不用再去搜索整个文档，分别去修改每个段落。

一般在"开始"选项卡的"样式"功能组中单击样式下拉列表框按钮▽，并在"样式"下拉列表框中选择所需的样式名称，如图 2-22 所示。或者在"样式"功能组中单击"扩展"按钮 ⌐，弹出"样式"对话框，选择所需的样式名称，如图 2-23 所示。

 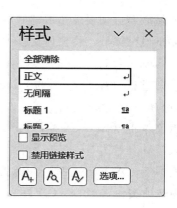

图 2-22 内置样式列表 图 2-23 "样式"对话框

4. VBA

VBA（visual basic for applications）是一种编程语言，是 visual basic 的一个分支。它依托于 Office 软件，是微软公司用于 Office 软件套件的一种语言。它不能独立运行，但可实现对 Office 进行二次开发。需要注意的是，含有 VBA 代码的 Word 文档要存为 .docm 格式。

由于 VBA 是相对高级的应用，需要深厚的编程功底，这里只作为简单了解。针对本实例中应用的 VBA，也是相对简单的应用，会在操作步骤中详细表述。

在使用 VBA 及控件时，控件的属性值是需要重新设置或定义的。表 2-1 中列举了控件常用的属性及其含义。

表 2-1　　　　　　　　控件常见属性及其含义

控　件	含　义
（名称）	控件的名称。默认值为控件所属英文名后接数字，如"选项按钮"OptionButton1，也可自定义
AutoSize	默认值为 False，表示控件大小固定，不随显示文本的增多而自动增加宽度值，此时如果显示文本过多，超出部分将不显示；若改为 True，则控件会自动扩展宽度以显示所有的显示文本

续表

控　件	含　义
BackColor	控件背景颜色，默认为页面颜色
Enabled	设置控件能否接受焦点和响应用户产生的事件。默认值为 True，表示控件可接受焦点和响应应用户产生的事件，也能通过代码进行访问；若改为 False，则控件显示文本变成灰色，此时用户无法通过鼠标和热键访问该控件，但通过代码仍可访问
GroupName	设置控件属于哪个控件组，隶属同一控件组的各个控件之间互斥
WordWrap	设置显示文本能够自动换行，默认值为 True，可自动换行；若改为 False，则显示文本不能自动换行，此时如果 AutoSize 属性值为 False，则显示文本超出控件宽度的部分不显示

四、操作步骤

1. 基础工作

创建一个 Word 文档"大学生创业调查问卷.docm"（.docm 指文档中包含宏和 VBA 脚本的功能），根据实际需要进行纸张大小、纸张方向、页边距等页面设置，并在文档中输入无须读者改变的内容，如调查的目的及基本信息（包括学号、性别、出生日期等）。

2. 添加"开发工具"选项卡

在初始状态下，选项卡区域中没有"开发工具"选项卡。因为"开发工具"选项卡是实现后期添加窗体控件的必要条件，所以必须为 Word 添加"开发工具"选项卡。首先，在"文件"选项卡中选择"选项"，弹出"Word 选项"对话框，在"自定义功能区"勾选"开发工具"，最后单击"确定"按钮即可。

资源 2-5
添加"开发
工具"选项卡

3. 填写带有"最大长度"限制的文字内容

将鼠标指针定位到"学号:"后，插入一个"旧式工具"的"文本域（窗体控件）"。保持该控件的选中状态，在"控件"功能组中单击"属性"按钮，或者双击该控件，弹出图 2-24 的"文字型窗体域选项"对话框。在"最大长度"组合框中输入"12"（可根据各学校的实际情况填写），最后单击"确定"按钮。

4. 填写"带有选项"的文字内容

将鼠标指针定位到"性别:"后，插入一个"下拉列表内容控件"。打开"内容控件属性"对话框，将"内容控件属性"对话框的"标题"和"标记"文本框中都输入"请选择性别"。在"下拉列表属性"列表框中删除原有内容，添加新的列表项，此处添加"男"和"女"。选中"使用样式设置键入空控件中的文本格式"复选框后，在"样式"下拉列表中，选择新建的"性别"样式，以保证"男"和"女"的格式与前面的"性别"两字相同。选中"无法删除内容控件"复选框后单击"确定"按钮即可。

5. 填写"带有日期"的文字内容

将鼠标指针定位到"出生日期:"后，插入一个"日期选取器内容控件"。类似地，打开"内容控件属性"对话框。将"内容控件属性"对话框的"标题"和"标

图 2-24　"文字型窗体域选项"对话框

记"文本框中都输入"请输入您的生日"。选中"使用样式设置键入空控件中的文本格式"复选框后，在"样式"下拉列表中，选择新建的"生日"样式，以保证"输入日期"的正确格式。选中"无法删除内容控件"复选框后单击"确定"按钮即可。

6. 制作"单项选择题"

先常规性输入选择题题干内容，再采用选项按钮控件制作各个选项。关键设置为：隶属于同一题干的各个选项按钮控件的 GroupName 属性值必须完全相同，同时又不能与隶属于其他题干的选项按钮控件的该属性值相同。

（1）将鼠标指针放置合适位置，单击"开发工具"选项卡中"控件"功能组的"旧式窗体"下拉按钮，在出现的下拉列表中选择"选项按钮（ActiveX 控件）"。

（2）再在合适位置插入剩余选项数量相同的"选项按钮（ActiveX 控件）"。

（3）保持第一个控件"OptionButton1"的选中状态，在"控件"功能组中的"设计模式"状态下，单击"属性"按钮，弹出"属性"对话框。将"AutoSize""Caption"和"GroupName"的值分别修改成"True""A. 开办一家企业（公司）"和"第 1 题"。

（4）类似地，重复同样操作修改"OptionButton2""OptionButton3"和"OptionButton4"选项按钮的相应属性值。

7. 制作"不定项选择题"

先常规性输入选择题题干内容，再采用复选框控件制作各个选项。

（1）将鼠标指针放置合适位置，单击"开发工具"选项卡中"控件"功能组的"旧式窗体"下拉按钮，在出现的下拉列表中选择"复选框（ActiveX 控件）"。

（2）再在合适位置插入剩余选项数量相同的"复选框（ActiveX 控件）"。

（3）保持第一个控件"CheckBox1"的选中状态，在"控件"功能组中的"设计模式"状态下，单击"属性"按钮，弹出"属性"对话框。将"AutoSize""Caption""GroupName"和"WordWrap"的值分别修改成"True""A. 经常请创业成功人士或创业领域专家开设讲座""第 15 题"和"False"。

（4）类似地，重复同样操作修改"CheckBox2""CheckBox3""CheckBox4""CheckBox5"和"CheckBox6"选项按钮的相应属性值。

8. 利用 VBA 完善"其他"选项

当选择"其他"选项时，需要在其右侧插入一个"文本框"，填入"其他"的具体内容；当不选择"其他"选项时，此"文本框"应该处于"非编辑"状态。

（1）完善第 1 题的"其他"选项。

1）在第 1 题的"D. 其他"右侧插入"文本框（ActiveX 控件）"，并将其属性"（名称）""AutoSize"和"WordWrap"的值分别修改成"Textbox011""True"和"True"。另外，将 A 到 D 选项的属性"（名称）"的值分别修改为"OptionButton011""OptionButton012""OptionButton013""OptionButton014"。

2）双击第 1 题的"文本框（ActiveX 控件）"，打开 VBA 编辑页面输入以下代码程序（单引号以后的内容为解释文字，可以不输入）：

```
Private Sub OptionButton014_Click() '单击第 1 题 D 选项
TextBox011.Enabled = True '激活第 1 题文本框
TextBox011.BackColor = &HFFFFFF '第 1 题文本框背景为白色
End Sub
PrivateSub OptionButton011_Click() '单击第 1 题 A 选项
TextBox011.Enabled = False '第 1 题文本框禁止输入
TextBox011.BackColor = &HC0C0C0 '第 1 题文本框背景为灰色
End Sub
Private Sub OptionButton012_Click() '单击第 1 题 B 选项
TextBox011.Enabled = False '第 1 题文本框禁止输入
TextBox011.BackColor = &HC0C0C0 '第 1 题文本框背景为灰色
End Sub
Private Sub OptionButton013_Click() '单击第 1 题 C 选项
TextBox011.Enabled = False '第 1 题文本框禁止输入
TextBox011.BackColor = &HC0C0C0 '第 1 题文本框背景为灰色
End Sub
```

（2）完善第 15 题的"其他"选项。

1）在第 15 题的"F. 其他"右侧插入"文本框（ActiveX 控件）"，并将其属性"（名称）""AutoSize"和"WordWrap"的值分别修改成"TextBox151""True"和"True"。另外，将 A 到 F 选项的属性"（名称）"的值分别修改为"CheckBox151""CheckBox152""CheckBox153""CheckBox154""CheckBox155""CheckBox156"。

2）双击第 15 题的"文本框（ActiveX 控件）"，打开 VBA 编辑页面输入以下代码程序（单引号以后的内容为解释文字，可以不输入）：

```
Private Sub CheckBox156_Click() '单击第 15 题 F 选项
TextBox151.Enabled = True '激活第 15 题文本框
TextBox151.BackColor = &HFFFFFF '第 15 题文本框背景为白色
End Sub
Private Sub CheckBox151_Click() '单击第 15 题 A 选项
TextBox151.Enabled = False '第 15 题文本框禁止输入
TextBox151.BackColor = &HC0C0C0 '第 15 题文本框背景为灰色
End Sub
Private Sub CheckBox152_Click() '单击第 15 题 B 选项
TextBox151.Enabled = False '第 15 题文本框禁止输入
TextBox151.BackColor = &HC0C0C0 '第 15 题文本框背景为灰色
End Sub
Private Sub CheckBox153_Click() '单击第 15 题 C 选项
TextBox151.Enabled = False '第 15 题文本框禁止输入
TextBox151.BackColor = &HC0C0C0 '第 15 题文本框背景为灰色
End Sub
PrivateSub CheckBox154_Click() '单击第 15 题 D 选项
TextBox151.Enabled = False '第 15 题文本框禁止输入
TextBox151.BackColor = &HC0C0C0 '第 15 题文本框背景为灰色
End Sub
Private Sub CheckBox155_Click() '单击第 15 题 E 选项
TextBox151.Enabled = False '第 15 题文本框禁止输入
TextBox151.BackColor = &HC0C0C0 '第 15 题文本框背景为灰色
End Sub
```

9. 问卷保存与提交

（1）在文件结尾的适当位置插入 1 个"命令按钮（ActiveX 控件）"，并将其属性"AutoSize""Caption"和"WordWrap"的值分别修改成"True""提交调查表"和"True"。

（2）在"设计模式"下，双击该"命令按钮（ActiveX 控件）"，打开 VBA 编辑页面输入以下代码程序（单引号以后的内容为解释文字，可以不输入）：

```
Private Sub CommandButton1_Click()'单击 CommandButton1
ThisDocument.SaveAs2 "调查问卷" '将文件另存至默认路径,一般为"我的文档"
ThisDocument.SendForReview "aaa@ sdjzu.edu.cn;", "调查问卷" '用 Outlook 发送至上述邮箱,并设置主题为"调查问卷",附件为"调查问卷.docm"
End Sub
```

10. 保护文档与分发

所有的区域设置完成后，文档的基本操作完成，但这还不是最终版。送到用户手中的文本应该是部分锁定的，只能在窗体中添加内容。要避免非正常的内容变更，这就需要对文档进行保护。方法是在"开发工具"选项卡的"保护"功能组中单击"限制编辑"按钮，在弹出的"限制编辑"对话框中进行设置，在"2.编辑限制"中勾选"仅允许在文档中进行此类型的编辑"，选择"填写窗体"，如图 2-25 所示，然后单击

"3.启动强制保护"中的"是，启动强制保护"按钮，输入并确认密码。这样就完成了文档的加密，防止文档被恶意篡改。调查问卷最终成果如图 2-26 所示，此后便可以进行分发调查了。

11. 问卷回收

在填写完问卷后，单击"提交调查表"按钮，会弹出"Outlook"主界面，单击"发送"按钮，即可在电子邮箱中收到调查问卷。

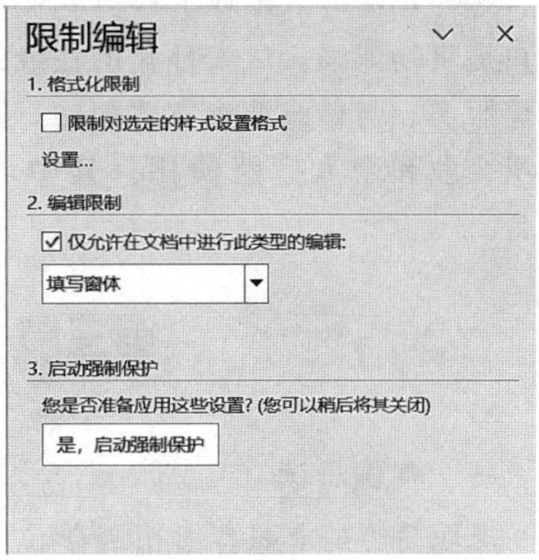

五、实例总结

本实例主要介绍窗体控件的使用方法及 VBA 的简单应用，它们不仅可以实现文本内容

图 2-25 "限制编辑"对话框

和日期的输入格式的规范化，还可以通过下拉菜单来避免不必要的失误，实现了回收问卷的自动化，而且通过"保护文档"可以有效地实现文件的安全保护。

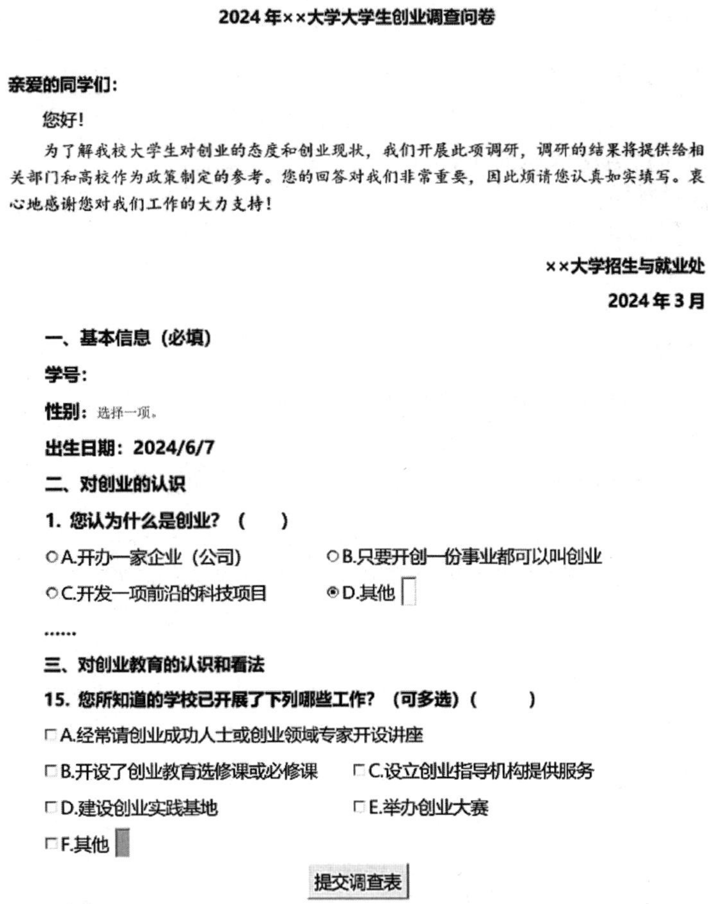

2024年××大学大学生创业调查问卷

亲爱的同学们：

您好！

为了了解我校大学生对创业的态度和创业现状，我们开展此项调研，调研的结果将提供给相关部门和高校作为政策制定的参考。您的回答对我们非常重要，因此烦请您认真如实填写。衷心地感谢您对我们工作的大力支持！

××大学招生与就业处

2024 年 3 月

一、基本信息（必填）

学号：

性别： 选择一项。

出生日期：2024/6/7

二、对创业的认识

1. 您认为什么是创业？（　　）

○A.开办一家企业（公司）　　　　○B.只要开创一份事业都可以叫创业

○C.开发一项前沿的科技项目　　　◉D.其他 ☐

……

三、对创业教育的认识和看法

15. 您所知道的学校已开展了下列哪些工作？（可多选）（　　）

☐A.经常请创业成功人士或创业领域专家开设讲座

☐B.开设了创业教育选修课或必修课　　　☐C.设立创业指导机构提供服务

☐D.建设创业实践基地　　　　　　　　　☐E.举办创业大赛

☐F.其他 ☐

提交调查表

图 2-26 调查问卷最终成果

另外，网络上出现了很多专业的在线问卷调查、考试、测评、投票平台，并为用户提供功能强大、人性化的在线设计问卷、采集数据、自定义报表、调查结果分析等服务。与传统调查方式相比，其具有快捷、易用、低成本的明显优势，已经被大量企业和个人广泛使用。其中，问卷星、问卷网等是常用的问卷设计和调研平台。

第三节　求　职　简　历

一、实例导读

求职简历是求职者给招聘单位发的一份简要介绍。包含自己的基本信息，如姓名、性别、年龄、民族、籍贯、政治面貌、学历、联系方式，以及自我评价、工作经历、学习经历、荣誉与成就、求职愿望、对这份工作的简要理解等。

求职简历是求职者获得面试机会的"敲门砖"，因此，一份优秀的个人简历对于获得面试机会至关重要。

二、实例分析

小祝是今年的应届毕业生，正准备找工作。她了解到求职简历对应聘者很重要，是开启职业生涯的一把"钥匙"。因此，她想利用所学的 Microsoft Word 知识，制作一份正规、简洁、优美的求职简历，开启美好的人生之路。

制作求职简历要求做到格式统一、排版整齐、简洁大方，以便给招聘方留下深刻和良好印象，赢得面试机会。求职简历内容包括个人的基本情况、教育背景、工作经历等，可以通过表格的形式呈现，既简洁明了又重点突出。

三、技术要点

制作求职简历，需要用到以下技术要点和功能。

1. 页面设置

在制作个人求职简历时，首先要设置简历的页边距和页面大小。

2. 艺术字

使用艺术字功能可以制作精美的艺术字，丰富简历的页面表现形式，使个人求职简历更加美观。

3. 表格

使用表格功能编排简历内容，通过对表格的编辑和美化，使个人简历更加清晰、明了及易读。

4. 导出为 PDF 文件

Adobe 公司设计的 PDF（portable document format，便携文件格式），是一种跨操作系统平台的文件格式。可将文字、字体、图形、图像、色彩、版式及与印刷设备相关的参数等封装在一个文件中，在网络传输、打印和制版输出中保持页面元素不变，还可包含超文本链接、音频和视频等电子信息。该类型的文件集成度和安全可靠性都较高。2010 以上版本的 Microsoft Word 软件都可以直接将文档转换为PDF。将 Word 文档转换为 PDF 的方法是：首先打开需要转换的文档，单击"文件"选项卡，选择"另存为"命令，然后在中间的窗格中单击"浏览"按钮，打开"另存为"对话框，在"保存类型"下拉列表中选择"PDF"选项，单击保存按钮，此时即可将文档转换为 PDF，并自动启动 PDF 阅读器打开创建好的 PDF 文件。

四、操作步骤

1．页面设置

根据需要设置个人求职简历的页边距和页面大小。

2．使用艺术字美化标题

（1）在"插入"选项卡的"文本"功能组中，单击"艺术字"按钮，在弹出的下拉列表中选择一种艺术字样式，随即弹出"编辑艺术字文字"文本框，在其中输入标题内容"个人简历"。

（2）选中艺术字，单击"形状格式"选项卡"艺术字样式"功能组中的"文本效果"按钮，在弹出的下拉列表中选择"阴影"列表"外部"选项区域中的"偏移：右下"选项。

（3）选中艺术字，将鼠标指针放在艺术字的右边框上，保持单击并拖曳鼠标，即可改变文本框的大小，使艺术字处于文档的正中位置。

（4）选中艺术字，在"开始"选项卡"字体"功能组中的各种功能，都可以应用于"艺术字"设计，可根据需要进行调整。

3．添加表格

在插入表格之前，应该首先确定表格的行列数，需要根据具体内容来确定。然而，有些内容，例如照片、联系地址等，由于尺寸和篇幅的原因，一个单元格中放不下，从而导致单元格之间不协调，便需要进行多个单元格的合并，从而实现内容的协调、美观。此处需要把握一个技巧，尽量用"合并"单元格操作，也就是说，在设计表格行列数时，按最多行列数量确定。

（1）根据实际设想和需要，在上述艺术字标题下方，插入 1 个"16 行×5 列"的表格。

（2）根据需要，将第 5 列的第 1～8 行进行"合并单元格"操作；将第 8 行的第 2～4 列进行"合并单元格"操作；将第 9～16 行的第 2～5 列分别进行"合并单元格"操作。

4．输入表格内容

表格布局调整完成后，即可根据个人实际情况，输入简历内容，具体操作步骤如下。

（1）输入表格内容。

（2）选中整个表格，打开"段落"对话框，将"如果定义了文档网格，则自动调整右缩进""如果定义了文档网格，则对齐到网格"已经勾选的复选框取消勾选；将"行距"改为"单倍行距"；其他一般都采用默认设置。

（3）选中表格中的各个"条目名称"单元格，如"姓名"等，将其"字体""字形""字号"分别设置为"微软雅黑""加粗""小四"。

（4）选中表格中的各个"条目内容"单元格，如"祝××"，将其"中文字体""西文字体""字形""字号"分别设置为"楷体""Times New Roman""加粗""小四"。

5. 美化表格

（1）填充表格底纹。选中表格中的各个"条目名称"单元格，单击"表设计"选项卡"表格样式"功能组中的"底纹"下拉按钮，在弹出的下拉列表中选择一种底纹颜色。另外，也可以单击"开始"选项卡"段落"功能组中的"底纹"下拉按钮，在弹出的下拉列表中选择填充表格。

（2）设置表格的边框。选中整个表格（若只对单元格区域设置表格边框，则只选择相应单元格区域即可），单击表格"表布局"选项卡"表"功能组中的"属性"按钮，弹出"表格属性"对话框，在"表格"选项卡中，单击"边框和底纹"按钮，弹出"边框和底纹"对话框，在"样式"区域的列表框中任意选择"线型""颜色""宽度"，并且在"预览区"可以"添加"或"去除"部分边框，单击相应按钮即可。也可在"设置"区域进行相应"一键操作"。

此外，还可以在"表设计"选项卡"边框"功能组中及"开始"选项卡"段落"功能组中更改边框样式。当然，还可以使用 Word 内置的表格样式，选中表格后，单击"表设计"选项卡，在"表格样式"中选择即可。

6. 添加头像

（1）将光标定位至要插入头像图片的位置，单击"插入"选项卡"插图"功能组中的"图片"下拉按钮，在弹出的下拉列表中，选择"此设备"命令。依照图片存放目录，选择要插入的图片，单击"插入"按钮，即可将头像图片插入指定位置。

（2）选中头像图片，在"图片格式"选项卡中单击"大小"功能组中的"裁剪"按钮，将鼠标指针放置在图片的四个边的中点上，当鼠标指针变为"推刀"形状，按住鼠标左键进行拖曳，即可裁剪掉图片过大的空白边框。

（3）选中头像图片，将鼠标指针放置在图片的四个角之一上，当鼠标指针变为形状时，按住鼠标左键进行拖曳，即可等比例缩放图片。根据表格位置的大小，将头像图片调整至适当大小，并放置表格适当位置。

（4）选中头像图片，单击"图片格式"选项卡"排列"功能组中的"环绕文字"下拉按钮，在弹出的下拉列表中选择"衬于文字下方"命令，以防止图片的边缘覆盖周边表格线和文字而影响美观。至此，个人求职简历就制作完成了，最终效果如图 2 - 27 所示。

当然，在"图片格式"选项卡中，还可以通过"调整"功能组的"校正"下拉按钮调整图片的"锐化/柔化""亮度/对比度"等；通过"颜色"下拉按钮调整图片的"颜色饱和度""色调""重新着色"等；通过"艺术效果"下拉按钮设置图片的"艺术效果"；通过"透明度"下拉按钮设置图片的"透明度"。

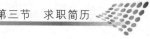

个人简历

姓　名	祝××	出生日期	2001.10.18	
性　别	女	政治面貌	中共预备党员	
身体状况	良好	户口所在地	山东济南历城区	
籍　贯	浙江杭州	毕业院校	齐鲁建筑大学	
民　族	汉	专　业	电子商务	
婚姻状况	未婚	学历、学制	本科、四年	
毕业时间	2024.6	联系方式	138××××××××	
联系地址	济南市历城区××路999号齐鲁建筑大学商学院			
岗位意向	电子商务企业运营助理、营销策划、产品经理助理等			
学习经历	2005年9月-2008年6月 西湖幼儿园 2008年9月-2014年6月 解放路小学 2014年9月-2017年6月 ××初级中学 2017年9月-2020年6月 ××一中 2020年9月-2024年6月 齐鲁建筑大学			
社会实践	在寒暑假曾进入电子商务公司进行电商运营管理方面的学习,还参加过志愿服务活动,利用寒暑假不断地丰富自身。			
外语和计算机水平	大学英语六级,计算机二级			
职务及获奖情况	团支部书记,商学院学生会主席 优秀团员、学习标兵、优秀班干部、优秀志愿者、优秀志愿者标兵 获得1次国家奖学金、1次省政府奖学金,连续7次获得校一等奖学金。			
所学课程	高等数学、大学英语、线性代数、概率论与数理统计、统计学、管理学、初级会计、市场营销、微观经济学、宏观经济学、管理信息系统、办公自动化、网络营销、网页设计、高级程序语言、国际贸易、网上支付与电子银行、电子商务分析、电子商务法、电子商务系统规划与设计、网络数据库、电子商务案例分析等			
自我评价	本人性格开朗、乐于助人,做事严谨仔细、认真负责。同时善于观察周围的事物,善于收集资料分析问题。也喜欢与他人交往,热爱生活。学习能力较强,刻苦努力,不断要求自己、提升自己。 大学期间也积极参与活动,并与团队进行良好的互动,具有良好的沟通能力,对人对事也拥有较足够的耐心和信心,且勇于接受新鲜事物带来的挑战。 善于自我调节,保持良好的心态,心理承受能力强,爱好体育活动和音乐。			
兴趣爱好	羽毛球、唱歌、演讲与口才、辩论			

图 2-27　个人简历最终效果图

五、实例总结

本实例主要是使用表格来制作个人求职简历,并将表格、图片、文字混合排版做了详细讲述。通过制作自己的个人简历,激励自己珍惜青春年华,努力学习,积极考取实用的英语、计算机和专业证书,不断增强自己在将来的就业市场上的强大竞争力,为祖国、为人民奉献自己的力量。

在实际操作中，还可以参考简历模板，使自己的求职简历更加美观、实用。Word官网提供了许多模板，可以通过以下步骤使用：选择"文件"选项卡，单击"新建"按钮，在"Office"选项卡的"搜索联机模板"搜索框里输入"求职简历"，并单击"搜索"按钮，出现许多"求职简历"模板，可根据需要下载使用。另外，许多应用软件中也有很多简历模板，例如360办公助手，在其搜索框中输入"求职简历"，单击"搜索"按钮即可得到各式各样的简历模板。

第四节 毕 业 论 文

一、实例导读

毕业论文是指为了获得所修学位，按要求被授予学位的人所撰写的论文。毕业论文内容及格式等方面有严格要求，这里以某高校本科毕业论文为例讲述其格式排版问题。本科毕业论文一般包括封面、目录、摘要、Abstract（英文摘要）、前言、正文、结论、致谢、参考文献、毕业设计小结、附录、封底等。

二、实例分析

资源2-6
论文模板
的使用

小祝同学今年大四了，面对毕业论文，她信心十足，当看到导师发的毕业论文撰稿规范时，觉得很简单。但当她把写好的论文按要求设置格式时，发现问题来了：①正文中各级标题采用手动设置，花了不少时间；②目录也是手动录入并设置格式，后来正文中又增加了一些内容，结果后续页码全部改变了，目录中的页码也需要重新输入；③正文中有些章节标题改动了，目录中却忘记改……总而言之，小祝同学给论文设置格式的时间快赶上写论文的时间了。后来导师又对她的论文给出很多修改意见：①某些章节应该再增加内容或删除内容；②某些章节应加入图片或表格；③参考文献再增加几篇；④目录使用自动生成方式；⑤将论文前置部分，如封面、中英文摘要等，全部放于一个文档中，以便统一管理……

根据导师的建议，小祝先修改内容，她发现：当插入新图片时，该图片后的其他图片的编号及文中引用提到的编号需全部修改；增加参考文献后，参考文献编号又需要修改；奇数页页眉和偶数页页眉要求不一样；论文前置部分与正文部分页码不能一样……这么多问题的出现，让小祝意识到了自己Word应用能力的不足。但小祝是个爱动脑筋的人，她想，如果使用Word排版这样费时的话，它也不可能如此受欢迎，并且该软件还有一些功能选项卡中的命令还没有用过，小祝决定按毕业论文格式规范中提到的要求一点点学习。

三、技术要点

完成毕业论文的排版，需要用到以下技术要点和功能。

1. 页面设置

通常情况下，毕业论文都需要纸质稿呈现。因此，在进行具体的文档排版前必须先进行以下页面设置：页边距（包括装订线、纸张方向、页面范围、应用范围等）、纸张（包括纸张大小等）、布局（包括页眉与页脚位置、行号、页面边框等）、文档网格（包括文字排列方向、栏数、每页行数、每行字数等）。如果在排版之前没有定好页面设置，而是在排版之后再进行页面设置或改变页面设置，则很可能会引起版面各种错乱，导致排版困难。

2．显示编辑标记

在毕业论文的编辑过程中，经常需要查看 Word 隐藏起来的格式标记，这时便可以使用"显示/隐藏编辑标记"功能来显示或隐藏文档中的格式标记、空白字符和其他非打印字符。这对于编辑和格式化文档非常有用。论文编辑完成后可以隐藏编辑标记，如果选择"隐藏编辑标记"，这时候文章会隐藏全部的格式设置，论文会显得很"干净"。此功能操作步骤如下：在"开始"选项卡的"段落"功能组中，单击"显示/隐藏编辑标记" ⌇ 图标，此时此图标会变成"凹下去" ⌇ ，便表示"显示编辑标记"；再单击一次恢复原状，便表示"隐藏编辑标记"。也就是说，这个图标是一个"显示"或"隐藏"的"开关"。

3．分节符与分页符

（1）分节符。节是一个连续的文档块，同节的页面拥有同样的页边距、纸型或方向、打印机纸张来源、垂直对齐方向、页眉和页脚、分栏、页码编排、行号、脚注和尾注。如果没有插入分节符，Word 默认一个文档只有一个节，所有页面都属于这个节。若想对页面设置不同的页眉、页脚，必须将文档分为多个节。论文或者书籍里同一章的页面采用章标题作为页眉，不同章的页面页眉不同，这可以通过将每一章作为一个节，每节独立设置页眉、页脚的方法来实现。

要将文档分成几个子部分，只需在分隔处插入分节符。插入分节符的操作步骤为：先将鼠标指针定位于需要插入分节符的位置，然后在"布局"选项卡的"页面设置"功能组中，单击"分隔符"下拉按钮，打开图 2-28 的两栏分隔符选项，上一栏是"分页符"选项，下一栏是"分节符"选项。分节符共四种类型可选，可以根据需要选择分节符类型，每一种类型对应的功能均已在类型名称下显示出来。

（2）分页符。分页符分为自动分页和强制分页 2 种。当正常输入文字至一页已满时，鼠标指针会自动跳到下一页，即 Word 是按照预定的页面纸张大小自动对文档进行分页的，所以自动分页又称为软分页；当一个页面中文字已输入完成，但页面还有留白，却需要另起一页输入其他文字时，就需要强制分页，即手动插入分页符，所以强制分页也称为硬分页。

插入分页符的方法与插入分节符相同，即在图 2-28 的"分页符"区域中选择"分页符"选项；也可将光标置于需要硬分页处，在"插入"选项卡的"页面"功能组中，单击"分页"按钮；更方便更简洁的方法是使用组合键【Ctrl＋Enter】实现快速硬分页。

另外，在"段落"对话框的"换行和分页"选项卡中，"分页"区域还为用户提供了四种用于调整段落自动分页的属性选项，如图 2-29 所示。其中，"孤行控制"用于防止该段的第一行出现在页尾，或者最后一行出现在页首，否则该段整体移到下一页；"与下段同页"用于控制该段与下段同页，如控制表格的标题与表格同页；"段中不分页"用于防止该段从中间分页，否则该段整体移到下一页；"段前分页"用于控制该段必须重新开始一页。

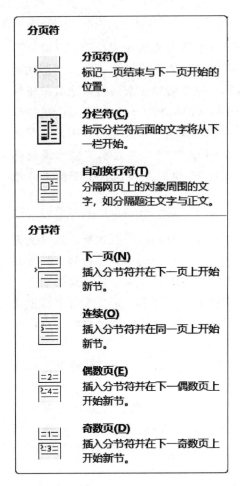

图 2-28　分隔符选项

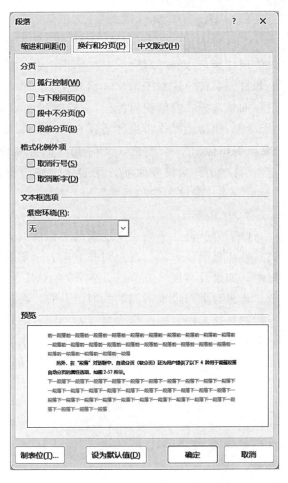

图 2-29　"段落"对话框的"换行和分页"选项卡

4. 样式

这里主要讲述标题样式的应用。

（1）标题样式。标题样式是指 Word 应用于标题的格式设置的内置样式。Word 有 9 个不同的内置样式：标题 1～9。这 9 级标题与大纲视图下大纲级别中的 1～9 级对应，并且内置样式中的"标题"也对应 1 级大纲级别。使用标题样式可以轻松生成目录。Word 可以自动检测应用了标题样式的文本，并在创建目录时将这些文本作为条目包含进去。此外，标题样式还可以与页眉和页脚一起使用，以便在文档的不同部分自动更新页眉中的标题。如果某段文字需要使用标题样式，则将鼠标指针定位于该段，单击图 2-22 或图 2-23 中相应标题样式名即可。显然，图 2-22 中的 9 级标题样式显示不全，可以单击图 2-23 中的"管理样式"☒图标，弹出"管理样式"对话框，在"推荐"选项卡中，将标题样式中"使用前隐藏"或"始终隐藏"选中，并单

击"显示"按钮，即可将相应标题样式显示出来，如图2-30所示。

（2）修改标题样式。考虑到内置样式所定义的字体、段落等格式与论文、实际文档等所要求的样式有一定差距，因此，需要先进行标题样式的修改，再应用。例如要修改"标题1"样式，方法如下：

资源2-8
修改样式和
新建样式

1）右击图2-22内置样式列表或图2-23"样式"对话框中"标题1"样式，在打开的快捷菜单中选择"修改"命令，弹出"修改样式"对话框，输入一个新的样式名称，如"一级标题"。

2）在该对话框左下角单击"格式"按钮，如图2-31所示，选择"字体"命令，即可打开"字体"对话框进行字体格式设置；或者选择"段落"命令，打开"段落"对话框进行段落格式设置。

3）当"格式"设置完成后，返回到"修改样式"对话框，选中"自动更新"复选框，则当前文档中所有应用了该样式的文本会自动更新到刚才修改后的格式，同时生成一个新的样式名。如果修改样式是为了以后使用，则可取消选中"自动更新"复选框，也就是说，当前文档暂时不会有任何文字应用修改后的样式。

4）样式修改后，单击"确定"按钮，则原来的"标题1"样式修改为"标题1，一级标题"。

图2-30 "管理样式"的"推荐"选项卡

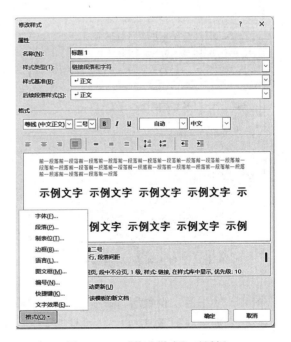

图2-31 "修改样式"对话框

5. 多级列表

标题的输入除了样式应用，还需要在标题前附上章节等编号，如1.1、1.2、1.1.1、1.2.1，如果不用多级列表而是采用手工输入，则在后期增加或者调整章节、修改内容时会比较麻烦，往往改动一个序号，后面的序号都要重新调整，效率低、易出错。若要在标题的前面自动生成章节号，则需要对标题进行多级列表设置。定义新的多级列表的步骤如下。

（1）在"开始"选项卡"段落"功能组中，单击"多级列表" 图标，在展开的下拉列表中有"定义新的多级列表"和"定义新的列表样式"两个命令，如图 2-32 所示。一般来说，"新的多级列表"一旦定义后，将不能进行修改，但"新的列表样式"可进行修改。这里选择"定义新的列表样式"命令，以便后期随时修改。

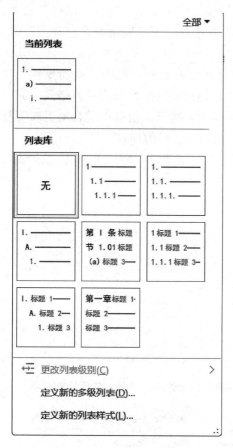

图 2-32 "多级列表"下拉列表

（2）在打开的"定义新列表样式"对话框中，单击左下角的"格式"按钮，选择"编号"命令，打开"修改多级列表"对话框，如图 2-33 所示，在"单击要修改的级别"一栏选择"1"，它对应标题样式中的"标题 1"，该栏中其他大纲级别 2~9，分别对应标题样式中的标题 2~9。

（3）单击图 2-33 中的"更多"按钮，在"将级别链接到样式"中选择"标题 1"，在"要在库中显示的级别"中选择"级别 1"，"起始编号"选择"1"。

（4）"此级别的编号样式"按文档要求选择，例如，论文要求为简体中文，可选择"一，二，三（简）…"选项，在"输入编号的格式"文本框中，按论文要求，在编号"一"的左右两边分别输入"第"和"章"，效果如图 2-34 所示。

（5）设置 2 级、3 级大纲样式的步骤与设置 1 级大纲样式的步骤一样，只是当 1 级"编号样式"改成中文简体后，2 级大纲中"输入编号的格式"不是"一、1"而是"1.1"时，要勾选图 2-34 中的"正规形式编号"复选框。若要设置每一级编号的缩进位置，可单击图 2-34 中的"设置所有级别"按钮，统一进行设置。

（6）如果在设置 2 级大纲编号时，将"输入编号的格式"文本框中自动出现的"1.1"删除了，那么重新设置时不能手动在该文本框中输入"1.1"，而是需要先选择"包含的级别编号来自"下拉列表中的"级别 1"（应理解为 2 级标题"1.1"有 1 级标题"1"所包含）。此时"输入编号的格式"文本框中自动生成编号"1"，在"1"后输入"."，打开"此级别的编号样式"下拉列表，选择"1，2，3…"样式，这样系统会自动在"."分隔符后添加表示 2 级标题的编号数字"1"。

（7）将所需要设置的多级列表设置完成后，单击"确定"按钮。

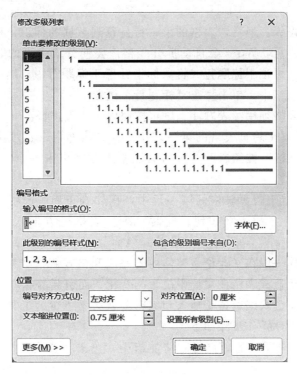

图 2-33 "修改多级列表"对话框

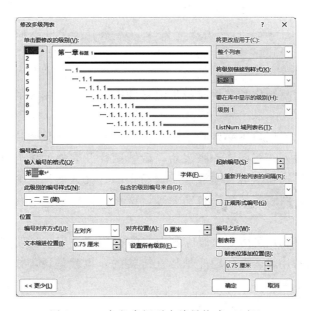

图 2-34 定义多级列表编号格式 (1 级)

6. 插入图表、公式

毕业设计或毕业论文正文部分需要标题、文字、图片、表格、公式等来表达与其有关的数据、算法及计算结果等,使其更准确和说服力。此处主要介绍表格跨页设置

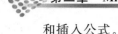
和插入公式。

（1）表格跨页设置。通常，表格的第 1 行是每列数据的标识，称为标题行。如果创建的表格超过了一页，Word 会自动拆分表格。要使分成多页的表格在每一页的第一行都显示标题行，可选中标题行或将鼠标指针置于标题行中，然后在"表布局"选项卡的"数据"功能组中，单击"重复标题行"按钮。

有时要求跨页表格须用续表题注，则可按照以下步骤进行：

1）将鼠标指针置于跨页表格的第一行中，在"表布局"选项卡的"合并"功能组中，单击"拆分表格"按钮。此时，跨页表格上方多出来一个"空行"，输入"续表×.×"。

2）将鼠标指针置于跨页表格的第一行中，在"表布局"选项卡的"行和列"功能组中，单击"在上方插入"按钮。此时，跨页表格上方插入一行表格，复制标题行。

表格的跨页操作一般在毕业论文整体内容完成和格式调整结束后再进行，以免由于内容或格式的调整造成表格在文档中位置的变化，而引起的麻烦。

（2）插入公式。公式编辑器是插入和编辑公式必不可少的工具，利用它能顺利地把公式插入到文档中，操作步骤如下：

1）在"插入"选项卡的"符号"功能组中，单击"公式"按钮下方的 图标，弹出下拉列表。如果在下拉列表中，选择"插入新公式"命令，和直接单击"公式"按钮上方的 ∏ 图标效果是一样的；如果在下拉列表中的"内置"公式中，有与所需的公式相同或相近的，直接选择插入即可。

2）此时，选项卡区域会自动出现"公式"选项卡，便可以插入新的公式，或者编辑插入的"内置"公式。

7. 题注和交叉引用

题注与交叉引用是制作长文档时与带编号的图片、表格相关的最常用的命令，它是域的自动引用。

题注的出现可以使用户不必费心于记住当前到底是第几张图片或第几张表格，也不必费心于在中间插入一张图或一张表后，后续图片及表格的序号修改。因为题注会在用户选择"引用"选项卡的"题注"功能组中的"插入题注"命令时，保证在长文档中将图片、表格、图表等按顺序自动编号，这对文档后期修改和完善提供了很大的便利。

交叉引用是对 Word 文档中其他位置内容的引用，并用于说明当前内容。引用说明文字与被引用的图片或表格的题注是相互链接的，也就是说，如果题注有更新，则引用一起跟着更新。

（1）插入题注。一般来说，长文档中需要插入题注的对象为表格、图片、公式等。表格的题注一般在表格正中上方，图片的题注一般在图片的正中下方，但插入题注的方法却大同小异。插入题注的操作方法如下：

1）在文档中，将鼠标指针定位于表格正上方一个空白行，或者将光标定位于图片正下方空白行，当然，直接选中表格或者图片也可以。

2）选择"引用"选项卡的"题注"功能组中的"插入题注"命令，打开"题注"对话框，如图 2-35 所示，根据添加题注的对象不同，在"标签"下拉列表中选择不同的标签类型。

3）如果默认的"标签"下拉列表中没有合适的标签类型，可自己定义新的标签。单击图 2-35 中"题注"对话框的"新建标签"按钮，弹出"新建标签"对话框，在"新建标签"对话框中输入所要求的标签名，单击"确定"按钮。新建标签后，这些标签名会在"标签"下拉列表中显示出来。

4）选定"标签"后，"题注"文本框显示标签名并自动生成序号。设置完成后单击"确定"按钮，则题注自动生成，然后在题注后输入图片、表格等的名称即可。

（2）设置交叉引用。如果正文中写到"如图 P.Q 所示"，其中"图 P.Q"为题注，为让正文中的引用文字"如图 P.Q 所示"与题注链接，使之在图片的题注更改时能产生自动更新，可以采用以下操作方法：

1）将鼠标指针置于正文中"如图 P.Q 所示"的"如"字之后。

2）选择"引用"选项卡的"题注"功能组中的"交叉引用"命令，打开"交叉引用"对话框，如图 2-36 所示，在"引用类型"下拉列表框中选择"图 P."，"引用内容"下拉列表框中选择"仅标签和编号"，并勾选"插入为超链接"复选框，在"引用哪一个题注："列表中选择"图 P.1"。

图 2-35　"题注"对话框　　　　　图 2-36　"交叉引用"对话框

3）单击"插入"按钮，指定的引用内容将自动插入鼠标指针处。因为交叉引用为链接形式，所以在按【Ctrl】键后，单击交叉引用的内容可直接定位于该题注。

当然，如果对交叉引用的对象（如图片、表格、公式等）进行了插入或删除等修改操作，题注的序号并不会自动重新编号，而需要全选文档后按【F9】键更新域即可。

8. 自动图文集

在 Word 中，自动图文集功能允许用户创建、存储和重用文本和图形片段，这些片段可以在文档中快速插入，从而提高工作效率。要使用自动图文集功能，首先需要创建自动图文集条目。这可以通过在文档中选择要存储为可重用代码片段的文本，然后在"插入"选项卡的"文本"功能组中，单击"文档部件"下拉按钮，选择"自动图文集"命令，然后选择"将所选内容保存到自动图文集库"命令，或者按【Alt＋F3】组合键来完成。在弹出的"创建新构建基块"对话框中，输入唯一的名称和说明，以便于查找和使用。创建自动图文集条目后，可以通过在"插入"选项卡的"文本"功能组中，单击"文档部件"下拉按钮，选择"自动图文集"命令，然后选择所需的条目来使用它们。另外，也可以将"自动图文集"添加到"快速访问工具栏"，以快速插入"自动图文集"。这需要在"插入"选项卡的"文本"功能组中，单击"文档部件"下拉按钮，选择"自动图文集"命令，然后选择"添加到快速访问工具栏"命令，即可在"快速工具栏"中出现"自动图文集" 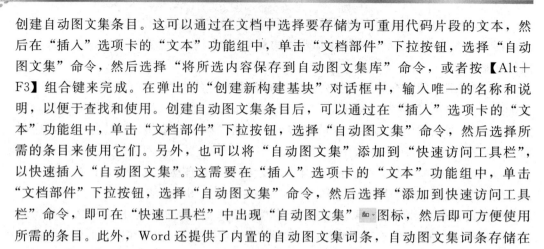 图标，然后即可方便使用所需的条目。此外，Word 还提供了内置的自动图文集词条，自动图文集词条存储在Normal 模板中，所有文档都可以使用这些词条。

9. 脚注和尾注

脚注和尾注是对文本的补充说明。脚注一般位于页面的底部，可以作为文档某处内容的注释；尾注一般位于文档的末尾，用于列出引文的出处等。

（1）插入和设置脚注。

1）插入脚注。插入脚注的具体步骤如下：

a. 选择要插入脚注的文本，在"引用"选项卡"脚注"功能组中，单击"插入脚注"按钮。

b. 在当前页面的底部，录入脚注的内容即可。

2）设置脚注。用户可以为脚注设置出现的位置、编号方式、编号起始数，以及是否要在每一页或每一节单独编号等。设置脚注的具体步骤如下：

a. 在"引用"选项卡"脚注"功能组中，单击右下角的对话框启动器，打开"脚注和尾注"对话框。

b. 在"位置"区域指定脚注出现的位置。默认情况下，设置为出现在页面底端，即把脚注文本放在页底的边缘；如果要把脚注放在正文最后一行的下面，可以选择"文字下方"命令。

c. 在"编号格式"下拉列表框中指定编号用的字符。默认为"1，2，3…"，其他可选项有"①，②，③…""甲，乙，丙…"等。

d. 在"起始编号"文本框中可以指定编号的起始数。

e. 在"编号"下拉列表框中可以设置整个文档是"每节连续编号"还是"每页连续编号"。

f. 在"应用更改"区域可以设置将更改应用于"整篇文档"还是"所选文字"。

（2）插入尾注。插入尾注的方法与插入脚注的方法相似，不同的是需要在"文档结尾"或"节的结尾"录入尾注的内容，多用于参考文献的注释。

10. 页眉和页脚

页眉和页脚分布于一页的顶部与底部的非版心处，用于显示文档的附加信息，例如公司徽标、章节标题、单位名称、日期时间、页码等。在同一个文档中，不同的页面要求添加的页眉页脚或许不同，但其要求主要包括三种情况：①首页不同；②各小节页眉和页脚不同；③奇偶页不同。插入页眉和页脚之前需要对不同之处进行分节处理。分节后，对页眉和页脚不同的情况就可以轻松处理。操作方法如下：

（1）首页不同。首页不同是指在当前节中，首页的页眉和页脚与其他页不同，通常首页为封面时不设置页眉和页脚（特别指出：每节都可设置首页不同）。设置方法如下：选择"插入"选项卡的"页眉和页脚"功能组中的"页眉"或"页脚"命令，然后在页眉或页脚处输入信息，并在打开的"页眉和页脚"选项卡的"选项"功能组中，如图 2-37 所示，勾选"首页不同"复选框。另外，也可以在"页面设置"对话框的"布局"选项卡中勾选"首页不同"复选框。

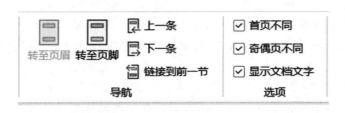

图 2-37 "导航"和"选项"功能组

（2）各小节页眉和页脚不同。当文档分成多节时，默认情况下，设置完当前节页眉和页脚后，单击图 2-37 中的"下一条"按钮设置下一节页眉页脚时，该节页眉会自动与上一节同步，即图 2-37 中"导航"功能组中的"链接到前一节"呈高亮显示。若该小节与前一节设置不同页眉，则单击"链接到前一节"，取消高亮显示，并在该节页眉处输入新页眉。

（3）奇偶页不同。默认情况下，同一节中所有页面的页眉和页脚都是相同的（首页不同除外），修改任意一页的页眉和页脚，本节其他页的页眉和页脚都会跟着修改。奇偶页不同则是个例外，同一节中，在设置页眉和页脚时，若在图 2-37 中选中"奇偶页不同"复选框，则可分别设置奇数页和偶数页的页眉和页脚。

11. 域

前面在题注和交叉引用、页眉和页脚以及后续的自动生成目录中，都在使用域，但当时并没有详细讲述，在此进行详细说明。

域是 Word 中的一种特殊命令，它由花括号、域名（域代码）及选项开关构成。

（1）插入域的方法。

1）自动插入。例如，插入页码、在文档中自动生成目录时，在文档中看到的是域结果。如果需要查看域代码，可将鼠标指针定位于域所在位置，按【Shift＋F9】组合键可在其域结果和域代码之间进行切换显示，按【Alt＋F9】组合键可在文档中所有域的域结果和域代码之间进行切换显示。

2）手动插入域。在"插入"选项卡中的"文本"功能组中，单击"文档部件"下拉按钮，选择"域"命令，即可打开"域"对话框，在该对话框中可查看 Word 提供的所有域名和域功能。

3）手动输入域代码。此方法只适合对域代码十分熟悉的用户进行操作。将鼠标指针定位于要插入域代码的位置，按【Ctrl＋F9】组合键，即出现域特征字符"｛｝"，在其中可直接输入或编辑域代码。

（2）更新域。更新域是域最突出的优点。例如，插入自动目录域后，在正文内容有修改，可将鼠标指针定位于目录域，按【F9】键即可更新目录；或者右击域，在弹出的快捷菜单中选择需要更新的域选项。

（3）域的锁定与解除链接。域的自动更新功能虽然给文档编辑带来很多方便，但有时，我们并不希望它再更新，只想要当前结果，并希望它能变成可复制的普通文本。此时，单击这个域，按【Ctrl＋F11】组合键可锁定该域，从而禁止这个域被自动更新；若要解除锁定，按【Ctrl＋Shift＋F11】组合键即可；若想域结果变成普通文本，需要解除域的链接，按【Ctrl＋Shift＋F9】组合键即可。一旦解除链接，域结果将成为普通文本，域代码被删除，不再更新。需要注意的是，解除链接操作是不可逆的。

12．自动目录

一般而言，目录在正文之前（若是论文，有可能被要求放在摘要之前），为了便于设置页码，可以将鼠标指针置于目录插入处，插入两个分节符，让其自成一节。插入目录的操作方法如下：

（1）将鼠标指针置于目录插入处。

（2）在"引用"选项卡的"目录"功能组中，单击"目录"下拉按钮，在展开的内置目录库中选择"自动目录1"或者"自动目录2"选项，则目录自动生成。

（3）将自动生成的目录按论文要求设置字体或段落格式。

（4）如果在内置目录库中没有找到合适的目录样式，可以自己定义目录，操作步骤如下：

1）选择"目录"下拉列表中的"自定义目录"命令，打开"目录"对话框。

2）在"目录"对话框中，按编辑要求选中"显示页面"或"页码右对齐"复选框，并在"制表符前导符"下拉列表中选择一项。

3）在"目录"对话框的"常规"区域中，"格式"选择为"来自模板"时，右边的"修改"按钮为可用状态。若选择其他"格式"选项，此"修改"按钮为不可用状态。"显示级别"可选择"1～9"。然后单击"修改"按钮，打开"样式"对话框，选择样式"TOC1"（TOC，Table of Contents），并单击"修改"按钮，打开"修改样式"对话框，如图2-38所示。

4）在"修改样式"对话框中设置字体等格式后，单击"格式"下拉按钮，选择"段落"命令，对段落按照要求进行设置（包括缩进、段前段后间距、行距、对齐等）；设置完成后，单击"确定"按钮，返回"样式"对话框，可继续修改"TOC2""TOC3"等样式。

5）目录中需要显示的目录层级格式修改后，返回到"目录"对话框，单击"确定"按钮，完成自定义目录设置。

使用"自定义目录"，并对"来自模板"的格式进行"修改"有一个好处，即当

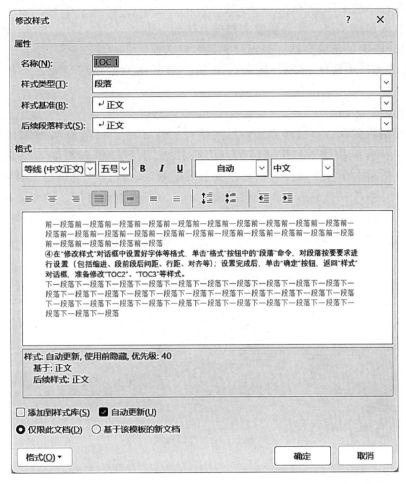

图 2-38 "修改样式"对话框

正文中标题有改动时，可以选择更新整个目录，而格式不会发生变化。

13. 文档保护

为防止他人盗用文档或任意修改排版过的文档，可以对文档进行保护操作，例如为文档加密。

（1）加密文档。为文档加密的方法如下：

1）打开需要设置加密的文档。

2）选择"文件"选项卡中的"信息"命令，在右侧窗格中单击"保护文档"下拉按钮。

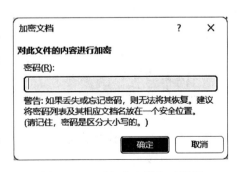

3）选择"用密码进行加密"命令，弹出"加密文档"对话框，如图 2-39 所示。

4）在"密码"文本框里输入密码，单击"确定"按钮，弹出"确认密码"对话框。

5）在"重新输入密码"文本框中再次输

图 2-39 "加密文档"对话框

入密码，单击"确定"按钮。

（2）打开加密文档。打开加密文档的方法如下：

1）打开刚刚加密的文档，弹出"密码"对话框。

2）在文本框中输入密码，便可以打开所需文档；如果忘记密码，便不能打开文档。

14．打印设置

在文档编辑完成后，打印之前，应先进行打印预览，将所有页面缩放到一定程度来查看。操作方法如下：按【Ctrl】键的同时向下滚动鼠标滑轮，将文档缩放至如图 2-40 所示大小。发现没有页码设置上的问题后，设置打印选项。如果打印出来是为了检查与修改，从节约纸张的角度出发，可以设置缩放打印，操作方法如下：选择"文件"选项卡中的"打印"命令，将"设置"栏最后一个选项"每版打印 1 页"展开，进入缩放打印选项。

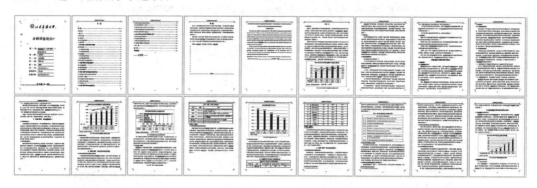

图 2-40　打印预览

四、操作步骤

本案例以××××大学本科毕业论文为例，根据格式要求制作毕业论文模板，以供毕业生在撰写论文时使用。

1．页面设置

根据要求将"页面设置"对话框的"页边距"选项卡设置成图 2-41 所示，"纸张"选项卡设置成图 2-42 所示，"布局"选项卡设置成图 2-43 所示，"文档网格"选项卡设置成图 2-44 所示。然后在图 2-44 中，分别单击"绘图网格"和"字体设置"按钮，分别弹出"网格线和参考线"对话框和"字体"对话框，并完成相关设置，如图 2-45 和图 2-46 所示。

2．修改及新建样式

明确论文撰写规范中各章节标题、正文等的格式要求，为论文复杂的格式设计样式，以便直接应用。论文格式要求参见本节案例分析部分。

（1）修改"正文"样式。所有"标题"样式均基于"正文"样式，先进行"正文"样式的修改，具体操作如下：

1）在"开始"选项卡的"样式"功能组，右击"正文"样式，在弹出的快捷菜单中选择"修改"命令，弹出"修改样式"对话框。

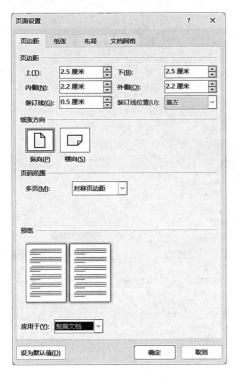

图 2-41 页边距设置

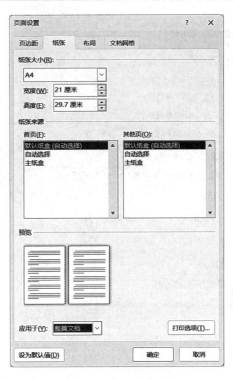

图 2-42 纸张设置

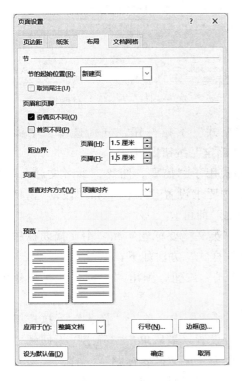

图 2-43 布局设置

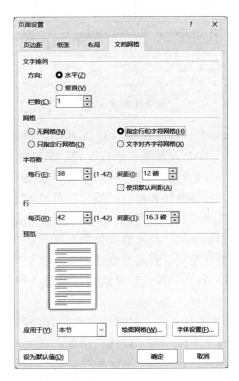

图 2-44 文档网格设置

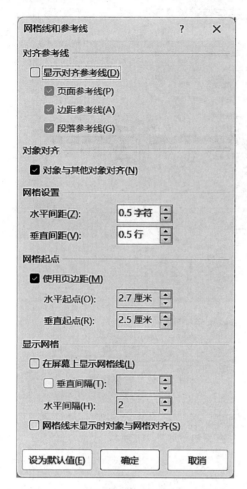

图 2-45　"网格线和参考线"对话框

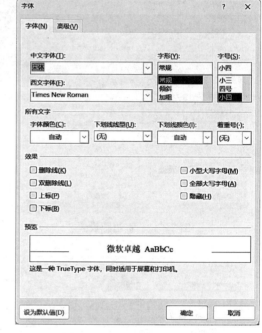

图 2-46　"字体"对话框

2）在"修改样式"对话框中，单击"格式"下拉按钮，分别选择"字体"和"段落"命令，按要求进行设置，最后单击"确定"按钮即可。

（2）修改"标题"样式。将"标题"样式用于"摘要、谢辞、参考文献、附录"标题，具体操作和修改"正文"样式相同，按要求设置"字体"和"段落"，将"名称"改为"摘要、谢辞、参考文献、附录标题"即可。

（3）新建"英文摘要标题"样式。由于"英文摘要标题"和"中文摘要标题"的格式稍有差别，有必要创建"英文摘要标题"样式。方法如下：

1）打开"样式"对话框，单击"创建样式"按钮，弹出"根据格式化创建新样式"对话框。

2）在打开的"根据格式化创建新样式"对话框中，单击"格式"下拉按钮，分别选择"字体"和"段落"命令，按要求进行设置，最后单击"确定"返回到"根据格式化创建新样式"对话框中，将"名称"改为"英文摘要标题"，"样式类型"选择"链接段落和字符"，"样式基准"选择"正文"，"后续段落样式"选择"正文"，完成后单击"确定"按钮即可。

（4）修改"标题1"到"标题4"样式。修改"标题1"到"标题4"样式，以适应目录中要求列出的3级标题，具体操作如下：

1）如果各级标题样式没有全部出现在样式列表中，则单击"样式"功能组右下角的对话框启动器，打开"样式"对话框，在"样式"对话框右下角，单击"管理样式"按钮，在打开的"管理样式"对话框的"推荐"选项卡中，找到隐藏的"标题样式"，单击下方的"显示"按钮即可。

2）在"样式"对话框中右击"标题1"样式，选择"修改"命令。

3）在"修改样式"对话框中，将"名称"改为"一级标题"。

4）在"修改样式"对话框中单击"格式"下拉按钮，分别选择"字体""段落"命令，按论文格式要求修改。

5）类似地，将"标题2"名称改为"二级标题"，将"标题3"名称改为"三级标题"，将"标题4"名称改为"四级标题"，其他的"字体""段落"格式按论文格式要求——改好。

（5）新建"参考文献"和"附件内容"样式。由于"参考文献""附件内容"和"正文"的格式稍有差别，有必要创建"参考文献"和"附件内容"样式。类似地，参照新建"英文摘要标题"样式的步骤，按照要求进行设置。

3．定义新的列表样式并使用

为了使各级标题自动编号，需要定义新的多级列表，具体操作如下：

（1）在"开始"选项卡的"段落"功能组中，单击"多级列表"下拉按钮，选择"定义新的列表样式"命令。

资源2-9
定义新的
列表样式
并使用

（2）在打开的"定义新列表样式"对话框中，单击"格式"下拉按钮，选择"编号"命令，弹出"修改多级列表"对话框，单击其中的"更多"按钮，展开对话框，按照要求定义1～4级列表样式。

（3）当4级列表样式都定义好后，返回"定义新列表样式"对话框中，在"名称"文本框中，输入名称，单击"确定"按钮。

（4）在论文中应用定义的各级样式。从第一页开始浏览论文，将鼠标指针依次置于论文中各级标题所在的段落，单击"样式"对话框中的"标题1，一级标题""标题2，二级标题"等。

（5）完成上述工作内容后，勾选"视图"选项卡的"显示"功能组中的"导航窗格"复选框，会出现"导航"窗格，从而方便检查论文各章节标题，能迅速定位对论文做出修改。

4．显示编辑标记

在"开始"选项卡的"段落"功能组中，单击"显示/隐藏编辑标记" ⁂ 图标，此时该图标会变成"凹下去" ⊡ ，表示"显示编辑标记"。如此一来，可以为后续插入分节符和分页符提供便利，能够更好地编辑文档。

5．论文分节和分页

（1）分节。根据论文格式要求，封面不能有页眉和页码，和后面内容有差别，所以在目录前插入一个"下一页"分节符，在"摘要""前言"前，同样各插入一个

"下一页"分节符。

（2）分页。根据论文格式要求，在"中文摘要""英文标题""附录"前各插入一个分页符。如果每章标题需要在页首，则在每章标题前各插入一个"分页符"。

6. 插入图、表格和公式并设置题注

根据论文需要插入图、表格和公式，然后再为其插入题注和交叉引用。

资源 2-10
设置图表
题注

（1）为图片插入题注并设置交叉引用。图的题注要求是：图 1.2 ×××。其中，1 为一级标题序号，2 为一级标题下图的顺序号，此即为第 1 章的第 2 个图。在插入题注之前，需要修改"题注"样式和新建题注标签，其操作方法如下：

1）在"管理样式"对话框中，找到并选中"题注"样式，单击"修改"按钮，弹出题注"修改样式"对话框。

2）单击"格式"下拉按钮，按要求修改题注样式的"字体"和"段落"格式。

3）打开"题注"对话框，单击"新建标签"按钮，弹出"新建标签"对话框，在"新建标签"对话框中输入"图"的标签名，单击"确定"按钮返回"题注"对话框。

4）接着制作自动图文集即可进行插入题注和交叉引用操作，完成图片题注的插入。

（2）为表格插入题注并设置交叉引用。表格的题注和交叉引用设置和图相似，这里不再赘述。需要注意的是，表格的题注是在表格的上方。

7. 插入脚注和参考文献

根据需要，按照格式要求，按注释在正文中出现的先后顺序每页连续编号，编号用例如"①"这种样式。注释编号与注释间空 1 格。注释只限于写在注释符号出现的同页，不得隔页。

参考文献不采用尾注形式注释，按照格式要求把参考文献在规定位置一一列出。

8. 设置页眉和页码

（1）设置目录页、摘要页页眉。

首先按要求设置页眉和页码样式，如果页眉有奇偶页不同要求，则按照以下方法进行：

资源 2-11
设置页眉
和页码

1）将鼠标指针置于目录第 1 页（即奇数页），在页眉中插入"目录"2 字，并按要求设置相应格式。

2）将鼠标指针置于目录第 2 页（即偶数页），在页眉中输入"××××大学毕业论文（或毕业设计说明书，二选一）"字样，并按要求设置相应格式。

（2）设置正文部分页眉。

1）将鼠标指针置于"1 前言"第 1 页（即奇数页）页眉处，在"页眉和页脚"选项卡的"导航"功能组中，取消"链接到前一节"；在"选项"功能组中，选中"奇偶页不同"复选框。在"插入"选项卡的"文本"功能组中，单击"文档部件"下拉按钮，选择"域"命令，打开"域"对话框。

2）在"域"对话框中，"类别"选择"链接和引用"，"域名"选择"StyleRef"，"样式名"选择"标题 1，一级标题"，"域选项"处勾选"插入段落编号"复选框，单击"确定"按钮,该章的编号将自动插入页眉处。

3)再次打开"域"对话框,在页眉内显示出该章的标题。"域名"依然选择"StyleRef","样式名"选择"标题1,一级标题","域选项"中不勾选任何一项,单击"确定"按钮即可。

(3)设置谢辞、参考文献、附录页页眉。设置摘要、谢辞、参考文献页页眉和目录、摘要页页眉相似,在此不再赘述。

(4)设置页码。

1)在"目录"和"摘要"节中,双击页脚所在处,在"页面底端"中插入"普通数字2"类型页码,"编号格式"选择"Ⅰ,Ⅱ,Ⅲ,…","起始页码"为"Ⅰ",居中显示页码。

2)在"正文"节中,双击页脚所在处,在"页面底端"中插入"普通数字2"类型页码,"编号格式"选择"-1-,-2-,-3-,…","起始页码"为"-1-",居中显示页码。

需要注意的是,如果正文页中,奇数页和偶数页的页码分别"右对齐"和"左对齐"。这种情况可以参考本章第一节中"党政机关公文"有关的"页码设置"内容。

9.生成目录

自动生成目录一般的操作方法如下:

(1)将鼠标指针置于目录所在页中的"目录"2字的下一行,打开"目录"对话框。

资源2-12
自定义目录

(2)单击"目录"对话框的"修改"按钮,按要求修改"TOC1~TOC3"样式完成目录格式定义。

(3)所有设置了一级、二级、三级标题样式的文字内容均出现在目录中,若目录中出现不需要的标题,可以直接删除。

10.加密保护论文文档

为了保护论文知识产权和避免篡改风险,可以根据需要按照技术要点中介绍的步骤设置密码保护,但一定要记住自己的密码。

11.论文打印

按照论文装订要求,打印论文并进行装订。在打印之前,先进行打印预览,检查论文排版质量。在交付打印部打印时,可先将论文最终版转换为PDF文件,以免由于不同版本Office软件造成的显示问题,而影响打印质量。

五、实例总结

在这一部分,主要攻克了在毕业论文排版方面的标题样式、多级列表、图表题注、自动目录等技术难题,希望能够帮助大家解决一些实际问题。另外,不同高校的毕业论文排版格式略有不同,但万变不离其宗,只要掌握了毕业论文排版的核心技术,都能根据各自要求排出完美的毕业论文。需要注意的是,每个学校都会提供毕业论文模板,大家一定充分利用,能够减少很多不必要的麻烦。

作为国家培养的高素质综合型人才、社会主义现代化建设事业的后备军,"把论文写在祖国的大地上"是新时代大学生应该承担的责任和使命，也是学习知识的最终目的。新时代大学生如何"把论文写在祖国的大地上"？这需要在老师们的指导下，不断学习新知识，积极参与社会实践。让我们一起更好地践行知识报国的使命，更好地投身于中国式现代化建设事业中。

操 作 题

资源 2-13
操作题

1. 在 Word 中输入欧拉公式、高斯公式和斯托克斯公式。

（1）欧拉公式：

$$e^{i\pi} + 1 = 0$$

（2）高斯公式：

$$\iint_D \left(\frac{\partial Q}{\partial x} - \frac{\partial P}{\partial y} \right) dx\,dy = \oint_L P\,dx + Q\,dy$$

（3）斯托克斯公式：

$$\iint_\Sigma \begin{vmatrix} dy\,dz & dz\,dx & dx\,dy \\ \frac{\partial}{\partial x} & \frac{\partial}{\partial y} & \frac{\partial}{\partial z} \\ P & Q & R \end{vmatrix} = \oint_\Gamma P\,dx + Q\,dy + R\,dz$$

2. 在"字体天下"网站中，搜索并下载"王羲之字体"，将其复制到"C：\Windows\Fonts"文件夹下，并用其书写所在学校的校名。

3. 请为以下古诗加上尾注。

晓出净慈寺送林子方

宋·杨万里

毕竟西湖六月中，风光不与四时同。

接天莲叶无穷碧，映日荷花别样红。

①杨万里（1127-1206），字廷秀，号诚斋，吉州吉水（今江西省吉水县）人，南宋绍兴二十四年（1154）进士。

②毕竟：到底，言外有名不虚传的意味。

③四时：春夏秋冬四个季节。在这里指六月以外的其他时节。

④接天：像与天空相接。

⑤无穷碧：因莲叶面积很广，似与天相接，故呈现无边无际的碧绿。

⑥别样红：红得特别出色。

4. 创建一个新文档，设置"上、下、左、右"页边距为"3 厘米"，纸张大小为自定义"10 厘米×12 厘米"，并将背景设置为"橙色"。

5. 利用邮件功能完成准考证的制作。

6. 根据自己个人情况，制作求职简历。

7. 按照××××大学毕业论文（或毕业设计说明书）模板排版毕业论文。

实验二

第三章　Excel 应用

Microsoft Excel 是 Microsoft 公司开发的办公套件 Office 的重要组成部分，是一个电子表格处理软件，有强大的数据处理与分析功能。其集数据统计、报表分析和图形分析三大基本功能于一身，可以帮助用户快速地整理和分析表格中的数据，及时发现数据的发展规律与变化趋势，从而帮助用户做出更明智的决策，因此被广泛应用于教育、财务、经济、审计、统计分析、市场营销、工程计算等众多领域。本章讲解的内容基于 Excel 2021，Excel 2021 是较新版本的表格处理软件，直观的界面、出色的计算功能和图表工具，使其成为流行的个人计算机数据处理软件。本章所讲的内容和功能仍适用于 Excel 以前的经典版本，例如 Excel 2019、Excel 2016 等。

其他的表格处理软件还有 Google Sheets、Apple Numbers、金山 WPS 表格和腾讯表格等。

第一节　数据输入、导入和引用

创建工作表后的第一步就是向工作表中输入各种数据。Excel 中的数据类型有常规型、数值型、货币型、会计专用型、日期型、时间型、百分比型、分数型、科学记数型、文本型、特殊型、自定义型等，详情可参考表 3 - 1。

表 3 - 1　　　　　　　　　　　常见数据类型及说明

类型	说　　明
常规型	输入数据时 Excel 所应用的默认数据格式。多数情况下，设置为常规型的数字即以输入的方式显示。然而，如果单元格的宽度不够显示整个数字，则将对带有小数点的数字进行四舍五入。常规型数字格式还对较大的数据（12 位或更多）使用科学记数（指数）表示法
数值型	用于数字的一般表示。用户可以指定要使用的小数位数、是否使用千位分隔符及如何显示负数。对数值型数据可以进行加、减、乘、除、乘方等各种数学运算，对应的运算符分别为"＋""－""＊""/""∧"
货币型	用于一般货币值并显示带有数字的默认货币符号。用户可以指定要使用的小数位数、货币符号及如何显示负数
会计专用型	也用于货币值，但是它会在一列中对齐货币符号和数字的小数点
日期型	根据用户指定的类型和区域设置（国家/地区），将日期和时间序列号显示为日期值。Excel 中将日期类型的数据存储为整数，范围为 1~2 958 465，对应的日期为 1900 年 1 月 1 日~9999 年 12 月 31 日。以星号（＊）开头的日期格式受在"控制面板"中指定的区域日期和时间设置更改的影响；不带星号的格式不受"控制面板"设置的影响

续表

类型	说　　明
时间型	根据用户指定的类型和区域设置（国家/地区），将日期和时间序列号显示为时间值。以星号（＊）开头的时间格式受在"控制面板"中指定的区域日期和时间设置更改的影响；不带星号的格式不受"控制面板"设置的影响
百分比型	将单元格值乘以 100，并将结果与百分号（％）一同显示。用户可以指定要使用的小数位数
分数型	根据所指定的分数类型以分数形式显示数字
科学记数型	以指数计数法显示数字，将其中一部分数字用 E＋n 代替，其中，E（代表指数）指将前面的数字乘以 10 的 n 次幂。例如，2 位小数的"科学记数"格式将 12 345 678 901 显示为 1.23E＋10，即用 1.23 乘以 10 的 10 次幂。用户可以指定要使用的小数位数
文本型	将单元格的内容视为文本，并在输入时准确显示内容，即使输入数字也是如此。文本类型也叫字符型，是由汉字、字母、空格、数字、标点符号等字符组成
特殊型	将数字显示为邮政编码、中文小写数字或中文大写数字
自定义型	允许用户修改现有数字格式代码的副本。使用此格式可以创建自定义数字格式并将其添加到数字格式代码的列表中。可以添加 200～250 个自定义数字格式，具体取决于计算机上所安装的 Excel 的版本

一、数据输入

1. 常规型数据

Excel 默认状态下的单元格格式为"常规"，此时输入的数据没有特定格式。如果工作表中要输入的数据也没有特定的格式，那么用户就可以不设置数据格式直接输入数据。

2. 数值型数据

在 Excel 中，单元格默认显示为 11 位有效数字，若输入的数值长度超过 11 位，系统将自动以科学记数法显示该数字。当数值长度超过单元格宽度时，数据以一串"＃"显示，此时适当调整单元格宽度即可显示出全部数据。

默认情况下，输入的数值型数据以"右对齐"方式显示。当然，通过设置单元格格式可以改变其对齐方式。

（1）数值数据的输入主要注意负数、分数的输入方法。

1）负数的输入。可以直接输入负号及数字；另外，还可以用圆括号来进行负数的输入，例如，输入"（200）"就相当于"－200"。

2）分数的输入。若要输入一个数"2/3"，方法是先输入一个"0"，然后输入一个空格，再输入"2/3"，即"0 2/3"。若不输入"0"与空格而直接输入"2/3"，系统会以日期数据"2 月 3 日"显示。

（2）数值型数据输入的具体方法如下。

1）选择需要输入数值型数据的单元格或单元格区域，在"开始"选项卡的"数字"功能组中，单击下拉列表框右侧的下三角按钮。

2）在弹出的下拉列表中选择"数字"选项，即可输入数值型数据。输入完成后，数据会右对齐显示。

另外，选择需要输入数值型数据的单元格或单元格区域，可在"开始"选项卡的"数字"功能组中，单击右下角的对话框启动器；或者右击选择的单元格弹出快捷菜单，选择"设置单元格格式"命令，弹出"设置单元格格式"对话框，并在对话框的"数字"选项卡的"分类"区域选择"数值"选项。同时，还可以进行"小数位数"和"使用千位分隔符"设置。

3. 货币型数据

货币型数据用于表示一般货币格式，例如单价、金额等。其输入方法和数值型数据相似，只是在"数字格式"下拉列表中选择"货币"选项，或在"设置单元格格式"对话框"数字"选项卡的"分类"区域选择"货币"选项。

4. 会计专用型数据

会计专用型数据与货币型数据基本相同，设置方法一致，只是在显示上略有不同。两类数据的币种符号位置不同，货币型数据的币种符号与数字是连在一起靠右的；会计专用型数据是币种符号靠左、数字靠右的。

5. 日期型数据

对于日期型数据，用户直接输入即可，但需要注意，如果使用数字型日期，必须按照格式"年/月/日"或"年－月－日"。年份可以只输入后两位，系统自动添加前两位；月份不得超过 12；日期不得超过 31，否则系统将其认为是文本型数据。

日期型数据可以像数值型数据一样进行运算，计算规则如下：

（1）两个日期型数据之间相减，得到的结果为整数，表示两个日期相差的天数。

（2）用一个日期型数据加上或减去一个整数，得到的结果为一个日期，表示若干天后或若干天前的日期。

（3）两个日期型数据相加，得到的结果为一个日期，运算过程是将两个日期对应的整数相加得到一个新的整数后再转换成对应的日期。一般这种运算没有实际意义。

日期型数据有两种基本形式：①短日期，格式为 2024/10/31；②长日期，格式为 2024 年 10 月 31 日。

如果要采用其他格式的日期型数据，则可以在"设置单元格格式"对话框"数字"选项卡的"分类"区域选择"日期"选项，进行"日期类型"和"区域设置"设置。

6. 时间型数据

如果在单元格中直接输入时间，有时候会发现不会出现时间的正确表达式，这是因为单元格的格式没有设置成时间格式，此时只要调整单元格格式为时间格式即可。可以在"数字格式"下拉列表中选择"时间"选项，或在"设置单元格格式"对话框"数字"选项卡的"分类"区域选择"时间"选项，并可以进行"时间类型"和"区域设置"设置。

Excel 将时间型数据存储为小数，0 对应 0 时，1/24 对应 1 时，1/12 对应 2 时。时间型数据的运算与日期型数据运算类似。

7. 百分比型数据

选择要输入百分比型数据的单元格或单元格区域，在"数字格式"下拉列表中选择"百分比"选项，或在"设置单元格格式"对话框"数字"选项卡的"分类"区域选择"百分比"选项，并可以进行"小数位数"设置。

8. 分数型数据

选择要输入分数型数据的单元格或单元格区域，在"数字格式"下拉列表中选择"分数"选项，或在"设置单元格格式"对话框"数字"选项卡的"分类"区域选择"分数"选项，并可以进行"分母类型"设置。另外，还可以根据前面在数值型数据输入中介绍的分数输入方法操作。

9. 科学记数型数据

选择要输入科学记数型数据的单元格或单元格区域，在"数字格式"下拉列表中选择"科学记数"选项，或在"设置单元格格式"对话框"数字"选项卡的"分类"区域选择"科学记数"选项，并可以进行"小数位数"设置。

10. 文本型数据

文本型数据指字符或者数值和字符的组合。在日常的表格输入中，例如产品编号、学号、员工编号等可能是以 0 开头的，如果直接输入，编号前面的 0 会消失。此时，将单元格设置为文本型，就可以正常显示。

选择要输入文本型数据的单元格或单元格区域，在"数字格式"下拉列表中选择"文本"选项，或在"设置单元格格式"对话框"数字"选项卡的"分类"区域选择"文本"选项。如果数字在输入单元格被转换成文本型数据后，单元格左上角会出现一个绿色小三角，并且左对齐。

11. 特殊型数据

特殊型数据包含邮政编码、中文大写数字、中文小写数字。选择要输入特殊型数据的单元格或单元格区域，在"设置单元格格式"对话框"数字"选项卡的"分类"区域选择"特殊"选项，并可以进行"类型"和"区域设置"设置。如果选择"中文小写数字"选项，在单元格里输入数字"123"，会转换成"一百二十三"；如果选择"中文大写数字"选项，在单元格里输入数字"123"，会转换成"壹佰贰拾叁"。

12. 自定义型数据

资源 3－1
自定义型
数据输入

Excel 还提供了单元格自定义数字格式的功能。利用此功能，可定制、扩展单元格的数据格式，提高工作效率。此项功能有很多应用，这里介绍几种常用的类型。

（1）在数字前添加固定文字。如果在数字前添加"编号"2 字，操作如下：

1）选择要输入自定义型数据的单元格或单元格区域，在"设置单元格格式"对话框"数字"选项卡的"分类"区域选择"自定义"选项。

2）在"类型"区域选择"G/通用格式"选项，并将鼠标指针置于"G"前，输入"编号"（实际输入时不含引号），如图 3－1（a）所示；或者直接输入""编号"#"（实际输入时不含外引号），如图 3－1（b）所示，单击"确定"按钮即可，在此单元格区域输入的数字前，都会自动添加"编号"2 字。

（2）在数字后添加固定文字。如果在数字后添加单位"万元"2 字，在进行（1）中第一步操作后，需在"类型"区域选择"G/通用格式"选项，并将鼠标指针置于"式"后，输入"万元"（实际输入时不含引号）；或者直接输入"#"万元""（实际输

(a) 方法1　　　　　　　　　　　　　　　(b) 方法2

图 3-1　"设置单元格格式"对话框

入时不含外引号），单击"确定"按钮即可，在此单元格区域输入的数字后，都会自动添加"万元"2字。

（3）正负分明。如果要求 Excel 工作表中正数用蓝色显示，负数用红色显示，在进行（1）中第一步操作后，需在"类型"文本框中输入"[蓝色]＃，＃＃0；[红色]-＃，＃＃0；[黑色]0"（实际输入时不含引号），单击"确定"按钮即可。

（4）快速输入。在 Excel 工作表中，如果要大量输入例如"高级审计师""高级工程师""高级会计师"的重复文字，可以按以下方法（以输入"高级工程师"为例）定义这些单元格的格式，以减轻数据的录入工作量：在进行（1）中第一步操作后，需在"类型"文本框中输入"高级@师"（实际输入时不含引号），单击"确定"按钮即可。之后，在该区域的某单元格中，当输入"工程"后，该单元格将会显示为"高级工程师"。

（5）隐藏输入内容。如果不希望 Excel 工作表中某些单元格中的数据显示出来，但也不能够将它们删除，则可将它们定义为隐藏格式。在进行（1）中第一步操作后，需在"类型"框中输入"…"（实际输入时不含引号）；或者输入"＊＊"（实际输入时不含引号），单击"确定"按钮即可。此时，在单元格显示的是"…"或"＊＊"。但在编辑区域中，却仍然能够显示它们的内容。要想彻底隐藏单元格区域中的内容，再按下面步骤操作：

1）选中所需的单元格区域，打开"设置单元格格式"对话框，在"保护"选项卡中，选中"隐藏"复选框，单击"确定"按钮。

2）在"审阅"选项卡的"保护"功能组中，单击"保护工作表"按钮，弹出"保护工作表"对话框，选中"保护工作表及锁定的单元格内容"复选框，如图 3-2 所示。在"取消工作表保护时使用的密码"文本框中输入密码，单击"确定"按钮，弹出"确认密码"对话框，再次输入密码，单击"确定"按钮。此时，相应的单元格区域中的内容是隐藏的，工作表是不能进行编辑的，单击"审阅"选项卡"保护"功能组的"撤销工作表保护"按钮，弹出"撤销工作表保护"对话框，输入密码即可。

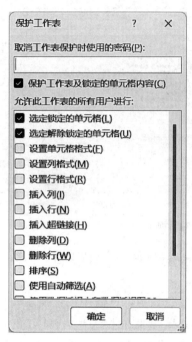

图 3-2 "保护工作表"对话框

(6) 对齐小数点。在 Excel 工作表中，许多情况下数值的小数点后的位数并不统一。在不想通过统一小数点的位数达到让数据按小数点对齐的情况下，可以通过"自定义"格式实现。在进行（1）中第一步操作后，需在"类型"文本框中输入"0. ?????"（实际输入时不含引号，"?"的数量代表小数指定位数，不足的用空格补齐），单击"确定"按钮即可。

(7) 快速输入时间。在实际工作中，用户经常将 1 分 30 秒简记作 1'30、12 秒 88 简记作 12"88。当有大量的类似数据要录入到 Excel 工作表时，可以用"自定义"格式设置。在进行（1）中第一步操作后，若输入"分"符号，则在"类型"文本框中输入"##'##"（实际输入时不含引号）；若输入"秒"符号，则在"类型"文本框中输入"##!"##"（实际输入时不含引号），单击"确定"按钮即可。

以上"自定义"格式功能，只是一小部分，更多"自定义"格式功能还需要我们不断学习，不断挖掘，以解决工作中的实际问题，提高编辑效率。

二、数据填充

在输入大量重复或具有一定规律的数据时，为了节省输入时间、提高工作效率，Excel 提供了多种快速数据填充方法。

1. 一般数据

填充柄是位于当前选中单元格右下角的小黑方块。当鼠标指针移动到初值所在单元格填充柄上时，鼠标指针由空心十字形 ✚ 变为实心十字形 ✚。此时，若按住鼠标左键拖动填充柄，则可在连续的单元格中填充相同或有规律的数据。

（1）复制填充。

1) 当初值为纯数值型数据或文本型数据时，拖动填充柄在相应单元格中填充相同数据。

2) 当初值为日期型数据、时间型数据或具有增减可能的文本型数据时，若在按住鼠标左键拖动填充柄的同时按住【Ctrl】键，则在相应单元格中填充相同数据。

（2）增 1 填充。

1) 当初值为纯数值型数据时，若在按住鼠标左键拖动填充柄的同时按住【Ctrl】键，则在相应单元格中自动增 1 填充数据。

2）当初值为日期型数据、时间型数据或具有增减可能的文本型数据时，若按住鼠标左键拖动填充柄，则在相应单元格中自动增 1 填充数据。

（3）利用快捷菜单填充。在单元格中输入数据，按住鼠标左键拖动填充柄到目标单元格后释放鼠标，此时，在目标单元格的右下角将出现"自动填充选项" 图标。如果初始数据是文本型数据，则单击该图标将弹出快捷菜单，如图 3-3（a）所示；如果初始数据是数值型数据、具有增减可能的文本型数据、货币型数据、会计专用型数据或时间型数据，则单击该图标将弹出快捷菜单，如图 3-3（b）所示；如果初始数据是日期型数据，则单击该图标将弹出快捷菜单，如图 3-3（c）所示。

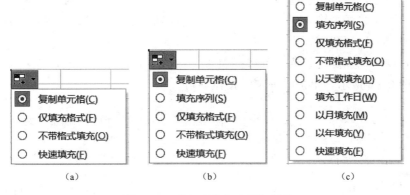

图 3-3　"自动填充选项"菜单

可以选择下列几种方式进行填充：

1）复制单元格：单元格的内容和格式同时复制。

2）仅填充格式：仅复制单元格的格式，不复制内容。

3）不带格式填充：仅复制单元格的内容，不复制格式。

4）填充序列：向右向下填充，数字会自动增加 1；向左向上填充，数字会自动减少 1。当数据中含有多个分开的数字时，默认为最后一组数字增加或减少 1。

5）以天数填充：针对于日期型数据，功能与填充序列一致。

6）填充工作日：针对于日期型数据，在填充日期时去除星期六和星期日的日期，只使用工作日的日期来填充。

7）以月填充：针对于日期型数据，在填充日期时只有月份的增加或减少。

8）以年填充：针对于日期型数据，在填充日期时只有年份的增加或减少。

9）快速填充：针对已有序列进行快速复制。

2. 等差和等比数列

（1）等差数列。

1）使用填充柄。使用填充柄填充等差数列，按照以下步骤完成：

a. 选定待填充数据区的起始单元格，输入序列的初始值，再选定相邻的另一单元格，输入序列的第二个数值。这两个单元格中数值的差将决定该序列的增长步长（即公差）。

资源 3-3
等差和等比
数列填充

b. 选定包含初始值和第二个数值的单元格，用按住鼠标左键拖动填充柄经过待填充区域。如果要按升序排列，则从上到下或从左到右填充；如果要按降序排列，则从下到上或从右到左填充。

　　如果要指定序列类型，则先按住鼠标右键，再拖动填充柄，在到达填充区域的最后单元格时松开鼠标右键，在弹出的快捷菜单中，选择相应的命令。

　　2）使用"序列"对话框。使用"序列"对话框填充等差数列，按照以下步骤完成。

　　a. 在第一个单元格中输入起始值（如 3），在"开始"选项卡的"编辑"功能组中，单击"填充"下拉按钮。

　　b. 在下拉列表中选择"序列"命令，弹出"序列"对话框，在该对话框的"序列产生在"区域选中"行"单选按钮，"类型"区域选择"等差序列"单选按钮，然后在"步长值"文本框中输入"2"，"终止值"文本框中输入"9"，如图 3-4 所示，最后单击"确定"按钮即可。

　　另外，如果不确定终止值，可选择包含"初值"的单元格区域，将"序列"对话框填写如图 3-5 所示，单击"确定"按钮即可。

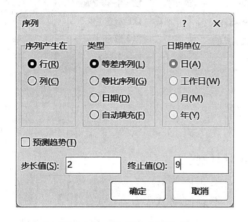
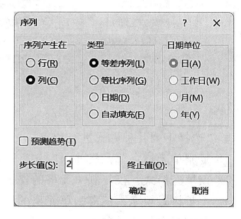

图 3-4　有"终止值"的　　　　　图 3-5　无"终止值"的
"序列"对话框　　　　　　　　　"序列"对话框

　　（2）等比数列填充。使用"序列"对话框填充等比数列和填充等差数列相似，这里不再赘述。

　　3. 自定义序列

　　（1）使用内置自定义序列。Excel 中内置了许多自定义序列，例如"星期日、星期一、星期二……""甲、乙、丙、丁……""Sunday、Monday、Tuesday……"等。这些序列可以直接用填充柄来生成。

资源 3-4
自定义序列
填充

　　需要注意的是，上述能够填充的序列必须是已经存在的自定义序列。用户可以单击"文件"选项卡的"选项"按钮，在弹出的"Excel 选项"对话框中，选择左侧的"高级"选项，在右侧区域找到"常规"分组中的"编辑自定义列表"按钮，单击此按钮弹出"自定义序列"对话框，如图 3-6 所示，从"自定义序列"区域，可以看到已经存在的自定义序列。

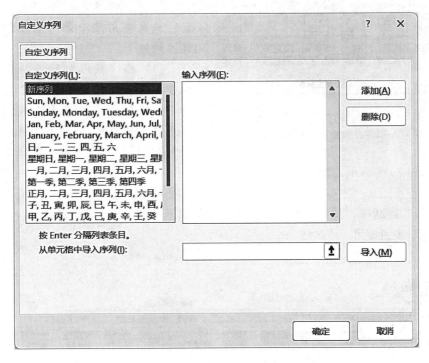

图 3-6　"自定义序列"对话框

（2）创建自定义序列。

1）利用现有数据创建自定义序列。如果已经输入了将要用作填充序列的数据清单，则可以先选定工作表中相应的数据区域。此处以天干地支纪年法为例，将单元格区域选中后，在"自定义序列"对话框中，单击"导入"按钮，即可使用现有数据创建自定义序列。

2）利用输入序列方式创建自定义序列。在"自定义序列"对话框的"自定义序列"区域中，选择"新序列"选项，然后在"输入序列"编辑列表框中，从第一个序列元素开始输入新的序列。在输入每个元素后，按回车键。整个序列输入完毕后，单击"添加"按钮。

三、数据导入

要将其他文档（如 Word 文档、PowerPoint 文档、网页、文本文件、其他 Excel 工作簿、Access 数据库、XML 文件等）中的数据转换到 Excel 工作表中，通常有两种方法：一种方法是使用剪贴板；另一种方法是使用 Excel 的数据导入功能。

使用剪贴板的方法通常用于将 Word、PowerPoint、其他 Excel 工作簿或者网页中的表格数据复制到 Excel 工作表中，操作比较简单，在此不再赘述。

使用数据导入功能可以将文本文件、网页、Access 数据库等文件中的数据导入 Excel 工作表中。"数据"选项卡的"获取和转换数据"功能组提供了不同的按钮来导入相应的数据，如图 3-7 所示。

图 3-7　"数据"选项卡的"获取
和转换数据"功能组

1. 从文本文件导入

从文本文件中导入数据的具体操作步骤如下：

（1）在"获取和转换数据"功能组中，单击"从文本/CSV"按钮，打开"导入数据文件选择"对话框，选好要导入数据的文本文件后单击"导入"按钮，弹出"导入数据向导"对话框，如图 3-8 所示，单击"加载"按钮即可。

（2）若在图 3-8 中，单击"加载"右侧的下拉按钮，选择"加载到"命令，弹出"导入数据"对话框，设置"数据在工作簿中的显示方式"和"数据的存放位置"，单击"确定"按钮即可。

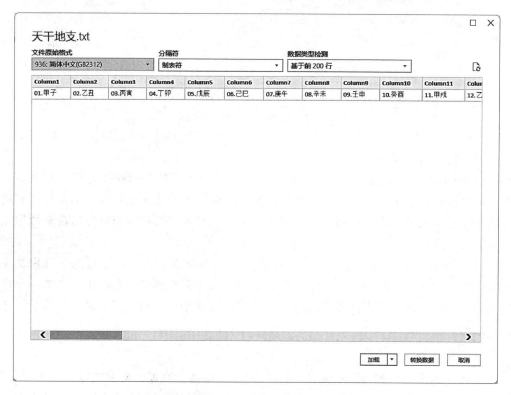

图 3-8　"导入数据向导"对话框

2. 从 Access 导入

从 Access 中导入数据的操作步骤如下：

（1）在"获取和转换数据"功能组中，单击"获取数据"下拉按钮，在弹出的级联菜单中依次选择"来自数据库"和"从 Microsoft Access 数据库"命令。

（2）在打开的"导入数据文件选择"对话框中，选择需要导入的数据库文件的名称，单击"导入"按钮。

（3）弹出"导航器"对话框，如图3-9所示，选择需要导入的数据表，单击"加载"按钮即可。

（4）若在图3-9中，单击"加载"右侧的下拉按钮，选择"加载到"命令，弹出"导入数据"对话框，设置"数据在工作簿中的显示方式"和"数据的存放位置"，单击"确定"按钮即可。

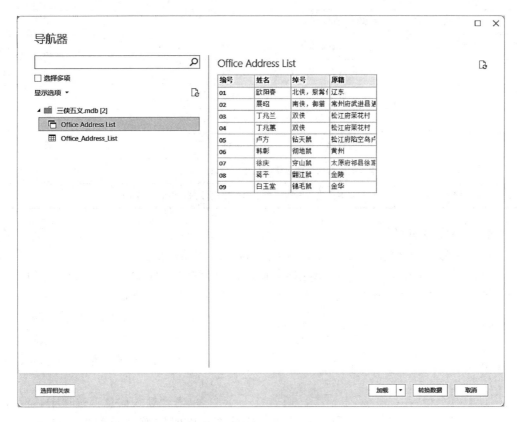

图3-9 "导航器"对话框

3. 从网站导入

从网站导入数据的操作步骤如下（此处用的是 Excel 2016）：

（1）在"数据"选项卡的"获取外部数据"功能组中，单击"自网站"按钮，弹出"新建 Web 查询"对话框，在"地址栏"文本框中输入目标网站地址，单击右下角的"导入"按钮，弹出"导入数据"对话框，在"数据的放置位置"区域进行选择，单击"确定"按钮，即可导入网页中的数据。

（2）删除导入的不需要的数据，留下有需要的数据。

四、数据验证

在 Excel 中输入数据时，为了尽量减少输入数据的错误，Excel 提供了数据验证条件的设置，当输入的数据不满足条件时，将自动弹出出错提醒信息。例如，录入学生成绩单时，要求学号为 10 位数字，性别只能为"男"或"女"，成绩数据为 0～100

资源 3-5
数据验证

的整数，当输入的数据不满足该条件时，自动弹出提示信息。要实现这一目标，这里以学生成绩单中的学号、性别和成绩为例，并对其单元格设置数据验证。表 3-2 是数据验证类型及含义。

表 3-2　　　　　　　　　　　　　　数据验证类型及含义

类　型	含　义
任何值	数据无约束
整数	输入的数据必须是符合条件的整数
小数	输入的数据必须是符合条件的小数
序列	输入的数据必须是指定序列内的数据
日期	输入的数据必须是符合条件的日期
时间	输入的数据必须是符合条件的时间
文本长度	输入的数据的长度必须满足指定的条件
自定义	允许使用公式、表达式指定单元格中数据必须满足的条件

1. 文本长度设置

以学号为例，设置学号的长度必须为 10 位，具体操作步骤如下：

（1）选中要设置数据验证的单元格区域，在"数据"选项卡"数据工具"功能组中，单击"数据验证"按钮，打开图 3-10 的"数据验证"对话框。

图 3-10　"数据验证"对话框

（2）在"允许"下拉列表中选择"文本长度"命令；在"数据"下拉列表中选择"等于"命令；在"长度"下拉列表中输入"10"。

（3）单击"输入信息"选项卡，设置选定单元格时需要显示的提示信息，如图 3-11 所示。

（4）单击"出错警告"选项卡，设置输入无效数据时需要显示的警告信息，如图 3-12 所示，单击"确定"按钮关闭对话框。

设置完成后，当用户输入的学号不符合要求时，Excel 会自动弹出出错提示对话框。

2. 序列设置

以性别为例，序列为"男"和"女"，具体操作步骤如下：

（1）打开"数据验证"对话框，在"允许"下拉列表中选择"序列"命令；在"来源"文本框里输入"男,女"（逗号是半角）。

图 3-11　"输入信息"选项卡　　　　　图 3-12　"出错警告"选项卡

（2）在"输入信息"选项卡设置需要显示的提示信息；在"出错警告"选项卡设置需要显示的警告信息，单击"确定"按钮即可。

3. 数值范围设置

以学习成绩为例，成绩范围是 0~100，具体操作步骤如下：

（1）打开"数据验证"对话框，在"允许"下拉列表中选择"小数"命令；在"数据"下拉列表中选择"介于"命令；在"最小值"文本框中输入"0"；在"最大值"文本框中输入"100"。

（2）在"输入信息"选项卡设置需要显示的提示信息；在"出错警告"选项卡设置需要显示的警告信息，单击"确定"按钮即可。

4. 复制数据验证设置

（1）选择已设置数据验证的单元格，在"开始"选项卡的"剪贴板"功能组中，单击"复制"按钮。

（2）选定需要复制数据验证设置的单元格，在"开始"选项卡的"剪贴板"功能组中，单击"粘贴"下拉列表，选择"选择性粘贴"命令；或者右击单元格，在弹击的快捷菜单中选择"选择性粘贴"命令。

（3）打开"选择性粘贴"对话框，选中"验证"单选按钮，单击"确定"按钮。

5. 查找所有具有数据验证设置的单元格

（1）在"开始"选项卡的"编辑"功能组中，单击"查找和选择"下拉按钮，在下拉列表中选择"定位条件"命令。

（2）在"定位条件"对话框中，选中"数据验证"单选按钮，再选中"全部"单选按钮，然后单击"确定"按钮即可。

6. 查找符合特定数据验证设置的单元格

（1）单击具有数据验证设置的单元格，该数据验证设置用于查找匹配项。

（2）在"开始"选项卡的"编辑"功能组中，单击"查找和选择"下拉按钮，在下拉列表中选择"定位条件"命令。

（3）打开"定位条件"对话框，选中"数据验证"单选按钮，再选中"相同"单选按钮，然后单击"确定"按钮即可。

7. 删除数据验证设置

（1）选择不需要再对其数据进行验证的单元格。

（2）在"数据"选项卡"数据工具"功能组中，单击"数据验证"按钮，打开"数据验证"对话框，单击"全部清除"按钮即可。

资源 3-6
单元格引
用与 F4 键

五、数据引用

数据引用主要指单元格数据引用。单元格地址的作用在于唯一地表示工作簿上的单元格或区域。在公式或函数中引用单元格地址，其目的在于指明所使用的数据存放位置，而不必关心该位置中存放的具体数据内容。

如果某个单元格中的数据是通过公式或函数计算得到的，当进行公式的移动或复制时，就会发现经过移动或复制后的公式有时会发生变化。Excel 的此项功能是由单元格的相对引用和绝对应用所致。

1. 相对引用

相对应用是指在引用单元格时直接使用其名称的引用，这也是 Excel 默认的单元格引用方式。

若公式或函数中使用了相对引用方式，则在移动或复制包含公式的单元格时，相对引用的地址将相对目的单元格进行自动调整。目的位置相对源位置发生变化，导致参加运算的对象分别做出了相应的自动调整。也正是由于这种能进行自动调整的引用存在，才可使用自动填充功能来简化计算操作。但自动调整引用也可能不是用户希望的，而造成错误。

2. 绝对引用

绝对应用表示单元格地址不随移动或复制的目的单元格的变化而变化，即表示某一单元格在工作表中的绝对位置。绝对引用地址的表示方法是在行号和列号前加一个"$"符号，例如$A$1。

3. 混合引用

如果单元格引用地址一部分为绝对引用，另一部分为相对引用，例如$A1 或 A$1，则这类地址称为混合引用。如果符号"$"在行号前，则表明该行位置是绝对不变的，而列位置仍随目的位置的变化做相应变化；反之，如果符号"$"在列号前，则表明该列位置是绝对不变，而行位置仍随目的位置的变化做相应变化。

4. 三维地址引用

在 Excel 中，不但可以引用同一工作表中的单元格，还能引用不同工作表中的单元格，引用格式为：［工作簿名］＋工作表名！＋单元格引用。例如，在工作簿 Book1 中引用工作簿 Book2 的 Sheet1 工作表中的第 3 行第 5 列单元格，可表示为：［Book2］Sheet1！E3。

综上所述，引用的作用在于标识工作表中的单元格或单元格区域，并指明公式中所使用的数据的位置。通过引用，可以在公式中使用工作表不同部分的数据，或者在多个公式中使用同一个单元格的数据，还可以引用同一个工作簿的不同工作表中的单元格和其他工作簿中的数据。

第二节　期末成绩的数据处理

一、实例导读

智育成绩是衡量大学生每学期学习成绩的标准，在综合测评占有主导地位，对三好学生、优秀学生干部的选拔，以及奖学金的评定、学生毕业推优工作等起关键作用。因此，准确、合理、公正地测评学生智育成绩显得极为重要。

二、实例分析

每个学期初，辅导员程老师会有一项重要的任务，对自己所带电子商务专业所有学生上学期的成绩进行统计汇总，计算总分、名次、平均分和最高分、最低分，以及成绩表的排序、成绩表的筛选等。她通过教学办公室李主任得到了上学期的学习成绩，开始着手做起来，不到半天的时间就完成了任务，效率非常高。其他的辅导员老师都向她投来敬佩的眼光，并问她是如何高效地完成这项任务的。程老师便将她利用 Excel 来进行数据处理的方法倾囊相授，并得到学院领导的认可。学院领导决定将这一方法在全院范围推广。

三、技术要点

对成绩进行综合数据处理，需要以下技术要点和功能。

1. 工作簿和工作表

工作簿（Book）就是 Excel 文件，是存储数据、进行数据运算及数据格式化等操作的文件。用户在 Excel 中处理的各种数据最终都以工作簿文件的形式存储在磁盘上，其扩展名为 .xlsx（.xlsx 是 2007 以后版本的 Microsoft Excel 工作表的格式）和 .xls（.xls 是 2003 以前版本的 Microsoft Excel 工作表的格式），文件名就是工作簿名。

工作簿是由工作表组成的，每个工作簿都可以包含多个工作表，每个工作表都可以存入某类数据的表格或者数据图形。工作表是不能单独存盘的，只有工作簿才能以文件的形式存盘。工作表（Sheet）是一个由行和列交叉排列的二维表格，也称作电子表格，用于组织和分析数据。

关于工作簿和工作表的基本操作，包括工作簿的新建、命名、打开、关闭等，工作表的新建、命名、删除等，操作相对简单，后续直接应用，不再特别说明。此处着重叙述工作表的移动或复制。

工作表的移动或复制的操作方法如下：

（1）使用功能区中的按钮实现移动或复制工作表。选中要移动或复制的工作表，单击"开始"选项卡"单元格"功能组中的"格式"按钮，选择"移动或复制工作表"命令；或右击选中的工作表标签，在弹出的快捷菜单中选择"移动或复制"命令，都将会出现如图 3-13 所示的"移动或复制工作表"对话框。在该对话框中选择好目标工作簿，再选择工作表要移动或复制的位置，并根据需要选择是否建立副本，最后单击"确定"按钮即可。

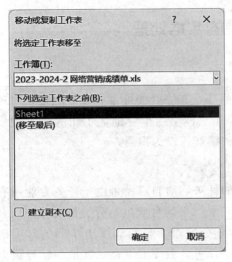

图 3-13　"移动或复制工作表"对话框

（2）使用鼠标拖动实现移动或复制工作表。使用鼠标拖动实现移动或复制工作表的操作步骤如下：

1）打开目标工作簿。若要将工作表移动或复制到另外一个工作簿中，需要先将其打开。

2）选中要移动或复制的工作表，按住鼠标左键，沿着标签栏拖动鼠标，当小黑三角形移到目标位置时，松开鼠标左键。若要复制工作表，则要在拖动工作表的过程中按住【Ctrl】键。

注意，若是在不同工作簿间移动或复制工作表，需要先单击"视图"选项卡中"窗口"功能组里的"全部重排"按钮，在弹出的"重排窗口"对话框中设置窗口的排列方式，使源工作簿和目标工作簿均可见，再使用鼠标拖动工作表进行移动或复制操作。

2. 数据清单

具有二维表特性的电子表格在 Excel 中被称为数据清单。数据清单类似于数据库表，可以像数据库表一样使用，其中行表示记录，列表示字段。数据清单的第一行必须为文本类型，为相应列的名称。在此行的下面是连续的数据区域，每一列包含相同类型的数据。在执行数据库操作（如查询、排序等）时，Excel 会自动将数据清单视作数据库表，并使用下列数据清单中的元素来组织数据：数据清单中的列是数据库表中的字段；数据清单中的列标志是数据库表中的字段名称；数据清单中的每一行对应数据库表中的一条记录。

3. 编辑单元格中数据

编辑单元格中的数据包括选定单元格数据、复制单元格数据、移动单元格数据、删除单元格数据。这是 Excel 数据处理的基本操作，这里简要说明，后文再有这方面操作，不再特别说明。

（1）选中单元格区域。在 Excel 中，有多种方法可以选择单元格区域，以便高效管理工作簿中的数据。以下是一些常用的方法：

1）使用鼠标拖动：单击起始单元格，按住鼠标左键不放，拖动到结束单元格，松开鼠标左键，即可选中起始单元格和结束单元格之间的所有单元格。这种方法适用于选择只包含少量单元格的小型区域。

2）使用【Shift】键：单击起始单元格，按住【Shift】键的同时单击结束单元格，可以选中这两个单元格之间的区域。这种方法适用于选择较大的区域。

3）使用键盘快捷键：通过使用键盘上的箭头键浏览到单元格，按住【Shift】键的同时使用箭头键可以浏览并选择单元格区域。

4）选择不连续的单元格或区域：按住【Ctrl】键，同时单击不连续的单元格或区域，可以选择多个不连续的单元格或区域。

5）使用名称文本框：在编辑栏左侧的名称文本框中输入单元格或区域的名称或引用，可以快速查找并选择特定的单元格或区域。这需要先定义命名单元格和区域。

6）使用"定位"对话框：在"开始"选项卡的"编辑"功能组中，单击"查找和选择"下拉按钮，在下拉列表中选择"转到"命令；或者使用【Ctrl＋G】组合键打开"定位"对话框，在"引用位置"文本框中输入范围，如 A1：A1000，然后点击"确定"按钮，也可以选中指定范围。

7）选择整行或整列：使用【Ctrl＋Shift＋↓】（向下箭头）组合键或【Ctrl＋Shift＋→】（向右箭头）组合键可以选择整列或整行；或者单击列或行的名称即可选中整列或整行。

8）全选方法：单击区域内的任意单元格，然后使用【Ctrl＋A】组合键，可以全选区域中所有包含数据的单元格；或者单击全选按钮，在 Excel 的左上角（通常是表格的左上角），会看到一个带有指向右下角的箭头的小方块，单击这个按钮也可以全选整个工作表。

（2）复制单元格数据。复制单元格数据是指将所选单元格区域的数据"原模原样"地复制到指定区域，而源区域的数据仍然存在。若要复制的单元格中含有公式，则复制到新的位置时，公式会因为单元格区域的变化而产生新的计算结果。

若复制的源单元格和目标单元格位置比较近，则可以使用最为简单的办法，即使用鼠标拖动来实现；若两者相距较远，甚至跨工作表或工作簿，则需要使用剪贴板来操作，具体操作步骤如下：

1）选中源数据区域，选择"开始"选项卡中"剪贴板"功能组的"复制"按钮；或按【Ctrl＋C】组合键；或右击鼠标，在弹出的快捷菜单中选择"复制"命令。

2）单击某单元格，定位目标区域，单击"开始"选项卡中"剪贴板"功能组的"粘贴"按钮；或按【Ctrl＋V】组合键；或右击鼠标，在弹出的快捷菜单中选择"粘贴"命令。

（3）移动单元格数据。移动单元格数据是指将所选中的单元格区域的数据移动到指定区域，而源区域的数据不复存在。移动单元格数据的具体操作步骤与复制单元格数据类似，区别在于在"剪贴板"功能组中不单击"复制"按钮，而单击"剪切"按钮；或按【Ctrl＋X】组合键；或右击鼠标，在弹出的快捷菜单中选择"剪切"命令。

（4）粘贴选项与选择性粘贴。使用上述方法进行的复制数据或移动数据都是默认粘贴，即粘贴所有单元格的内容，如果有特殊要求，可以选择使用粘贴选项和选择性粘贴功能。

1）粘贴选项。在使用粘贴选项时，单击"粘贴"下拉按钮，打开下拉列表，每个选项图标含义见表 3 - 3。

表 3 - 3　　　　　　　　　　　　　　　　　　粘贴选项图标含义

图标	选项名称	粘贴的内容
	粘贴	默认选项，粘贴所有单元格内容
	公式	仅粘贴公式，不包含单元格格式或批注
	公式和数字格式	仅粘贴源单元格和单元格区域中的公式和所有数字格式
	保留源格式	能够保持原始内容的格式不变，包括字体、字号、颜色、边框、底纹，以及数字或公式的格式
	无边框	仅粘贴内容、公式和其他格式，而不会保留原始表格的框线。这一选项的选择能够确保粘贴后的内容与源数据保持一致，同时避免了不必要的框线干扰
	保留源列宽	仅粘贴单元格内容及其列宽
	转置	粘贴时重新定位源单元格区域的内容，行中的数据将复制到列中，反之亦然
	值	仅粘贴公式结果，不包含单元格格式或批注
	值和数字格式	仅粘贴源单元格和单元格区域中的公式结果和所有数字格式
	值和源格式	仅粘贴源单元格和单元格区域中的公式结果并能够保持原始内容的格式不变，包括字体、字号、颜色、边框、底纹，以及数字或公式的格式
	格式	仅粘贴源数据的单元格格式，包括字体、字号、颜色、边框、底纹，以及数字或公式的格式
	粘贴链接	引用源单元格和单元格区域而不是所复制的单元格和单元格区域的内容，使其与数据源之间建立一个动态链接实现数据的实时同步更新
	图片	将复制的源内容粘贴为图片
	链接的图片	将复制的源内容粘贴为图片，并且这个图片与原始数据区域是链接的。这意味着，如果原始数据区域有任何改动，这些改动将自动反映在链接的图片上，实现数据的同步更新

2）选择性粘贴。在使用选择性粘贴功能时，单击"粘贴"下拉按钮，选择"选择性粘贴"命令；或者右击选中单元格，在快捷菜单中选择"选择性粘贴"命令，弹出"选择性粘贴"对话框，每个选项的具体含义见表 3 - 4。需要注意的是，"选择性

粘贴"对话框中有些选项的含义与粘贴选项中图标的含义是相同的。另外，"验证"选项在复制"数值验证"时已经讲述过。

表 3-4　　　　　　　　　　　　　选择性粘贴选项含义

选择性粘贴选项	操　作
全部	粘贴源单元格和区域的格式和单元格数值，等同于直接的复制粘贴动作
公式	粘贴源单元格和区域的公式和数值，但不粘贴单元格格式
数值	粘贴源单元格和区域的数值，不包括公式，如果源单元格和区域是公式，复制结果为公式计算的结果
格式	仅粘贴源单元格和区域的所有格式
批注和注释	仅粘贴源单元格和区域的批注和注释
验证	仅粘贴源单元格和区域的数据验证设置
所有使用源主题的单元	粘贴所有内容，并且使用源区域的主题
边框除外	粘贴源单元格和区域除了边框之外的所有内容
列宽	仅将粘贴目标单元格区域的列宽设置与源单元格列宽相同
公式和数字格式	仅粘贴源单元格和区域的公式和数字格式
值和数字格式	仅粘贴源单元格和区域所有的数值和数字格式，如果源区域是公式，则仅粘贴公式的计算结果和其数字格式
所有合并条件格式	仅粘贴源单元格和区域中的内容和条件格式选项
无	指定不会对所复制的数据应用数学运算
加	目标单元格或单元格区域中数据"加"源单元格或单元格区域中数据的和
减	目标单元格或单元格区域中数据"减"源单元格或单元格区域中数据的差
乘	目标单元格或单元格区域中数据"乘以"源单元格或单元格区域中数据的积
除	目标单元格或单元格区域中数据"除以"源单元格或单元格区域中数据的商。注意，源单元格或单元格区域中数据不能为"0"
跳过空单元格	选中此复选框时，当源单元格或单元格区域中出现空白单元格时，避免替换目标单元格或单元格区域中的值
转置	选中此复选框时，粘贴时重新定位源单元格区域的内容，行中的数据将复制到列中，反之亦然
粘贴链接	引用源单元格和单元格区域而不是所复制的单元格和单元格区域的内容，使其与数据源之间建立一个动态链接实现数据的实时同步更新

4. 格式化工作表

Excel 表格功能很强，系统提供了丰富的格式化命令，利用这些命令，可以对工作表内的数据及外观进行修饰，制作出各种符合日常习惯又美观的表格。例如进行数字显示格式设置；文字的字形、字体、字号和对齐方式的设置；表格边框、底纹、图案颜色设置等多种操作。

（1）套用表格格式。Excel 提供了许多外观精美的预定义的表格格式，使用这些系统自带的工作表格式，可以建立满足不同专业需求的工作表。具体操作步骤如下。

1）选中需要设置格式的表格区域。

2）单击"开始"选项卡"样式"功能组中的"套用表格格式"按钮，选择合适的表格格式即可。

（2）设置单元格格式。

1）设置数字格式。此部分内容已经在"数据输入"部分进行详细叙述，在此不再赘述。

2）设置对齐方式和文字方向。对齐是指单元格内容相对于单元格上下左右的位置，分为水平对齐和垂直对齐。水平对齐方式有：常规、靠左（缩进）、居中、靠右（缩进）、填充、两端对齐、跨列居中、分散对齐（缩进）。垂直对齐方式有：靠上、居中、靠下、两端对齐、分散对齐。

文字方向是指单元格内容在单元格中显示时偏离水平线的角度，默认为水平方向。设置单元格内容对齐方式和文字方向的具体操作步骤如下：

a. 选择要设置对齐方式的单元格区域。

b. 在"开始"选项卡"对齐方式"功能组里提供了各种对齐方式的按钮。

其中，≡≣≡这组按钮分别表示"顶端对齐""垂直居中"和"底端对齐"。

≡ ≡ ≡这组按钮分别表示"左对齐""居中"和"右对齐"。

≫˙为"方向"按钮，用于设置文字的方向，选择其下拉列表中的相应命令即可改变单元格中的文字方向。

≔≕分别为"减少缩进量"和"增加缩进量"按钮，可以将单元格中的文字缩进或减少缩进。

自动换行 为"自动换行"按钮，单击该按钮，可以根据单元格的宽度用多行显示的方式，显示单元格中的所有内容。

合并后居中˙的下拉列表中分别有如下几个功能，需要注意的是，进行单元格的合并时，若不止一个单元格中有内容，则系统只保留选中区域左上角单元格的内容。

合并后居中(C) 可以将多个单元格合并，并使内容水平居中。

跨越合并(A) 仅将同一行中的多个单元格合并，保留原有的对齐方式。

合并单元格(M) 可以将若干连续的单元格合并。

取消单元格合并(U) 取消上述的各种合并方式所合并的单元格。

若需要对单元格的对齐方式进行更为详细的设置，则单击"对齐方式"功能组右下角的对话框启动器，打开"设置单元格格式"对话框的"对齐"选项卡，根据需要设置即可。

3）设置字体、字形、字号。设置单元格内容的字体、字形、字号及颜色等格式的具体操作步骤如下：

a. 选择要设置格式的单元格区域。

b. 在"开始"选项卡中的"字体"功能组中，提供了对字体、字号、字形、字体颜色等格式的设置按钮，根据需要设置即可。

此外，可以单击"字体"功能组右下角的对话框启动器，打开"设置单元格格式"对话框的"字体"选项卡，在该对话框中也可对字体格式进行设置。

4）设置边框。设置单元格边框的具体操作步骤如下：

a. 选择要设置边框的单元格区域。

b. 在"开始"选项卡中的"字体"功能组中，单击⊞ ⌄按钮的右侧下拉按钮，在下拉列表中选择需要的边框样式。

c. 若要设置更多的边框样式，则选择上步下拉列表中的"其他边框"命令，打开"设置单元格格式"对话框的"边框"选项卡。

d. 在线条"样式"区域选择线型。

e. 在"颜色"下拉列表中选择线条颜色（默认为黑色）。

f. 单击"预置"区域的外边框或内部按钮，将选择的线型应用到外边框或内部边框，同时预览区中可看到应用的效果。

g. 若单击"无"按钮，则可取消设置的边框效果。

h. 单击"边框"区域的八个按钮，则可单独设置所选中单元格区域的上、下、左、右、中间及斜线的样式。

5）设置底纹。设置单元格底纹的具体操作步骤如下：

a. 选择要设置底纹的单元格区域。

b. 在"开始"选项卡中的"字体"功能组中，单击 ⌄右侧下拉按钮，在下拉列表中选择需要的填充颜色。

c. 若要设置更多的底纹样式，则打开"设置单元格格式"对话框的"填充"选项卡。

d. 选择"背景色"的颜色，若选择了"图案样式"中的一种样式，则可以同时设置背景色和图案颜色，同时在"示例"区域可以显示预览效果。

（3）设置行列格式。默认情况下，Excel 工作表中所有行的行高和所有列的列宽都是相等的。当在单元格中输入较多数据时，经常会出现内容显示不完整的情况（只有在编辑栏中才看到完整数据），此时，就需要适当调整单元格的行高和列宽。

设置单元格的行高或列宽有两种方法：一种是使用鼠标直接拖动；另一种是利用功能区按钮。

通过鼠标拖动设置行高或列宽的操作方法为：将鼠标指针移到某行行号的下框线或某列列标的右框线处，当鼠标指针变为 ✛或 ✛时，按住鼠标左键进行上下或左右移动（在行标或列标处会显示当前行高或列宽的具体数值，且工作表中有一根横向或纵向的虚线），到合适位置后释放鼠标即可。

利用功能区按钮设置行高的操作步骤如下：

1）选择要设置行高的若干行。

2）单击"开始"选项卡"单元格"功能组中的"格式"按钮，在下拉列表中选择"行高"命令，打开"行高"对话框。

3）在"行高"文本框中输入行高值，单击"确定"按钮。

4）若在下拉列表中选择"自动调整行高"命令，则系统自动调整各行的行高，以使单元格内容全部显示出来。

利用功能区按钮设置列宽的操作步骤与设置行高的步骤类似，在此不再赘述。

5. 使用公式和函数

(1) 使用公式。公式是 Excel 最重要的内容之一，充分灵活地运用公式，可以实现数据处理的自动化。公式对于那些需要填写计算结果的表格非常有用，当公式引用的单元格的数据修改后，公式的计算结果会自动更新。

Excel 中的公式与数学表达式基本相同，由参与运算的数据和运算符组成，但 Excel 的公式必须以"="开头。

Excel 中的运算符按优先级由高到低排列，主要有引用运算符、算术运算符、字符运算符及关系运算符等，见表 3-5。

表 3-5   运 算 符

优先级	类型	符号	运算结果
高 低	引用运算符	西文的冒号（:）、逗号（,）、空格	引用单元格区域
	算术运算符	％（百分号） ^（乘方） *（乘）、/（除以） +（加）、－（减）	数值类型
	字符运算符	&（字符连接）	文本类型
	关系运算符	=、>、<、>=（大于等于）、<=（小于等于）、<>（不等于）	TRUE 或 FALSE

1) 引用运算符。引用运算符有 3 种：冒号（:）、逗号（,）、空格，它们均为西文字符。

冒号表示一块连续的矩形区域中的所有单元格。例如，"A1:B2"表示以 A1 为左上角，B2 为右下角的矩形区域共 4 个单元格。

逗号表示多个矩形单元格区域的并集。例如，"A1:B2,B2:C3"表示 A1、A2、B1、B2、B3、C2、C3 共 7 个单元格。

空格表示多个矩形单元格区域的交集。例如，"A1:B2 B2:C3"表示 B2 这一个单元格。

2) 算术运算符。算术运算符主要有:％（百分号）、^（乘方）、*（乘）、/（除以）、+（加）、－（减）。例如，"=2^3+50％+1"的运算结果为"950.0％"。

3) 字符运算符。"&"为字符运算符，用于两个字符串的连接。例如，输入 ="Good"&"Morning"的运算结果为"GoodMorning"。

4) 关系运算符。关系运算符主要有：=、>、<、>=（大于等于）、<=（小于等于）、<>（不等于），运算结果为 TRUE 或 FALSE。

当公式中同时出现多个优先级不同的运算符时，优先级高的运算符先运算。例如，对于"=3*2>5"，先运算"3*2"，结果为"6"；再运算"6>5"，结果为"TRUE"。

当公式中同时出现多个优先级相同的运算符时，按从左到右的顺序运算。例如，对于"=3*4/2"，先运算"3*4"，结果为"12"；再运算"12/2"，结果为"6"。

当需要改变运算符的运算顺序时，可使用括号"（）"。例如，"＝（4＋2）∗3"，结果为"18"。

（2）使用函数。Excel 提供了许多内置函数，共有财务、日期与时间、数学与三角函数、统计、查找与引用、数据库、文本、逻辑、信息、工程、多维数据集、兼容性、Web 等 13 类共几百种函数，为用户对数据进行运算和分析带来了极大的方便。

Excel 函数由函数名、括号和参数组成，例如"＝SUM（B2：E2）"。当函数以公式的形式出现时，应在函数名称前面输入＝。

函数的输入有以下方法：

1）从键盘上直接输入函数。在编辑栏中采用手工输入函数，前提是用户必须熟悉函数名的拼写、函数参数的类型、次序及含义。注意，直接输入函数时，和公式一样必须以"＝"开头。

2）使用函数向导。为方便用户输入函数，Excel 提供了函数向导功能，打开"插入函数"对话框的方法如下：

方法一：单击编辑栏上的"插入函数"按钮 $\boldsymbol{fx}$。

方法二：单击"公式"选项卡中的"插入函数"按钮 $\boldsymbol{fx}$。

以上两种方法均会打开图 3-14 的"插入函数"对话框。在该对话框中的"或选择类别"下拉列表中选择所需要的函数类型，在"选择函数"列表框中选择需要的函数名，单击"确定"按钮，出现"函数参数"对话框，如图 3-15 所示。不同的函数，其参数个数不同，类型也不同，因此"函数参数"对话框内容也有所不同（个别函数没有参数，故不会出现"函数参数对话框"，如 Now 函数）。分别输入各个参数后，单击"确定"按钮即可。

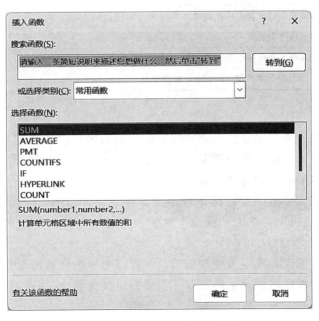

图 3-14 "插入函数"对话框

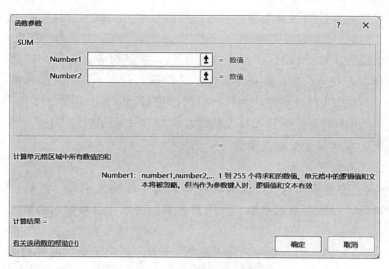

图 3-15　"函数参数"对话框

如果公式不能正确计算出结果，Excel 将显示一个错误值。表 3-6 列出了常见的出错信息。

表 3-6　　　　　　　　　　　　常 见 的 出 错 信 息

错误值	可 能 的 原 因
#####	单元格所含的数字、日期或时间比单元格宽或者单元格的日期时间公式产生了一个负值
#VALUE!	使用了错误的参数或运算对象类型，或者公式自动更正功能不能更正公式
#DIV/0!	公式被 0（零）除
#NAME?	公式中使用了 Excel 不能识别的文本
#N/A	函数或公式中没有可用数值
#REF!	单元格引用无效
#NUM!	公式或函数中某个数字有问题
#NULL!	试图为两个并不相交的区域指定交叉点

6. 数据筛选

筛选是将数据列表中符合指定条件的数据显示出来，而其他不符合条件的数据行将被隐藏。要进行筛选操作的前提是数据列表的第一行必须为标题行。Excel 提供了两种筛选方式：自动筛选和高级筛选。

（1）自动筛选。单击需要筛选的数据清单中任一单元格，在"数据"选项卡的"排序和筛选"功能组中，单击"筛选"按钮，此时，在每个字段名右侧均出现一个下拉按钮。

如果需要只显示含有特定值的数据行，则可以先单击含有待显示数据的数据列上端的下拉按钮，再单击需要显示的数值；如果要对其他列也进行筛选，则在相应列上重复这一操作。

如果要在数据清单中取消对某一列进行的筛选，则单击该列首单元格右侧的下拉按钮，再单击"全部"按钮；如果要撤销数据清单中的筛选箭头，则在"排序和筛选"功能组中再单击"筛选"按钮。

（2）高级筛选。自动筛选中，列与列之间的条件的关系为"与"，即需要多个条件同时成立，但是在有些情况下，条件之间需要采用"或"的关系，因此，需要使用高级筛选来完成任务。要使用高级筛选，需要按如下规则建立条件区域。

规则一：条件区域必须位于数据列表区域外，即与数据列表之间至少间隔一个空行和一个空列。

规则二：条件区域的第一行是高级筛选的标题行，其名称必须和数据列表中的标题行名称完全相同。条件区域的第二行及以下行是条件行。

规则三：同一行中条件单元格之间的逻辑关系为"与"，即条件之间是"并且"的关系。

规则四：不同行中条件单元格之间的逻辑关系为"或"，即条件之间是"或者"的关系。

高级筛选的基本步骤如下：

1）设置条件区域。条件区域至少为两行，由标题行和若干条件行组成，可以放置在工作表的任意空白位置。第一行标题行中的字段名必须与数据清单中的列标题在名称上一致。第二行开始是条件行，同一条件行不同单元格中的条件互为"与"逻辑关系，即其中的所有条件都满足才符合条件；不同条件行单元格中的条件互为"或"逻辑关系，即满足其中一个条件就符合条件。

注意，高级筛选中条件区域标题的填写规则如下：

a. 在条件区域中，条件单元格内包含单元格引用，条件区域标题不能使用数据列表中的标题，可任填或不填。

b. 在条件区域中，条件单元格内不包含单元格引用，条件区域标题的填写规则与上面的正好相反，必须填写与数据列表标题相同名称。其他任何名称或不填都会产生错误结果。建议使用复制粘贴的方法，避免输入失误造成筛选结果出错。

2）执行高级筛选。条件区域设置好后，就可以对数据清单使用高级筛选。操作步骤如下：

a. 单击数据清单中的任意单元格。

b. 在"数据"选项卡的"排序和筛选"功能组中，单击"高级"按钮，弹出"高级筛选"对话框，如图3-16所示。

c. 如果要通过隐藏不符合条件的数据行来筛选数据清单，可选中"在原有区域显示筛选结果"单选按钮；如果要通过将符合条件的数据行复制到工作表的其他位置来筛选数据清单，则选中"将筛选结果复制到其他位置"单选按钮，再单击"复制到"右侧的折叠按钮，然后单击工作表中粘贴区域的左上角单元格。

图3-16 "高级筛选"对话框

d. 在"条件区域"文本框中输入条件区域的引用，注意，要包括条件区域的标题。

e. 如果勾选了"选择不重复的记录"复选框，则当有多行满足条件时，只会显示或复制唯一的行，而排除重复的行。如果没有指定条件区域，则选择该选项将隐藏数据列表中的所有重复行。

f. 单击"确定"按钮。

如果要更改筛选数据的方式，可更改条件区域中的值，并再次筛选数据。

对数据列表进行高级筛选后，如果想取消高级筛选以显示全部记录，则单击"排序和筛选"功能组中的"清除"按钮即可。

下面通过几个实例来具体叙述如何应用高级筛选，数据列表如图 3-17 所示。

资源 3-7
高级筛选

	A	B	C	D	E	F	G	H	I
1	项目	商场	类别	库存数量	单位	单价	进价	总计	注释
2	橙子	日用杂货	农产品	20	千克	¥2.99	¥1.00	¥59.80	
3	苹果	果园	农产品	400	千克	¥5.99	¥2.50	¥2,396.00	使用优惠券
4	香蕉	日用杂货	农产品	34	捆	¥9.99	¥6.99	¥339.66	
5	莴苣	市场	农产品	22	颗	¥2.29	¥1.20	¥50.38	
6	番茄	市场	农产品	33	千克	¥0.99	¥0.49	¥32.67	
7	南瓜	市场	农产品	56	个	¥1.50	¥0.79	¥84.00	
8	芹菜	日用杂货	农产品	18	捆	¥1.99	¥0.98	¥35.82	
9	黄瓜	市场	农产品	45	千克	¥2.29	¥1.29	¥103.05	
10	蘑菇	日用杂货	农产品	20	千克	¥5.25	¥3.36	¥105.00	平菇
11	牛奶	送货上门	奶制品	7	升	¥39.90	¥28.90	¥295.26	
12	奶酪	送货上门	奶制品	6	千克	¥99.90	¥68.00	¥599.40	各种奶酪块
13	蛋类	送货上门	奶制品	34	打	¥35.00	¥17.80	¥1,190.00	
14	白干酪	送货上门	奶制品	45	袋	¥88.89	¥24.00	¥4,000.05	
15	酸奶油	送货上门	奶制品	67	袋	¥29.90	¥22.00	¥2,003.30	
16	酸奶	日用杂货	奶制品	677	瓶	¥99.90	¥50.00	¥67,632.30	希腊蜂蜜
17	牛肉	市场	肉类	5	千克	¥59.90	¥49.00	¥299.50	牛腱
18	青海龙羊峡野生三文鱼	鱼市场	海鲜	45	千克	¥189.90	¥160.00	¥8,545.50	冷冻
19	阿拉斯加帝王蟹腿	鱼市场	海鲜	66	千克	¥599.00	¥300.00	¥39,534.00	冷冻

图 3-17 "高级筛选"数据清单

（1）单条件筛选——"库存数量<50"。

（2）"两个'与'条件筛选"——农产品中库存数量<20。

（3）"两个'或'条件筛选"——库存数量>100 或者库存数量<=20。

（4）"多条件筛选"——农产品中库存数量<20 或者奶制品中库存数量<10。

（5）条件单元格内不包含单元格引用"查找空值或非空值"——注释中的空值或非空值。

（6）条件单元格内包含单元格引用"查找空值或非空值"——注释中的空值或非空值。

高级筛选功能很强大，我们需要在学习和实践中不断提升能力。

7. 插入图表

图表是对数据的图形化，可以使数据更为直观，方便用户进行数据的比较和预测。

（1）创建图表。根据工作表中已有的数据列表创建图表有以下两种方法：

1）使用快捷键。使用快捷键创建图表的操作步骤如下：

a. 选中要创建图表的源数据区域（若只是单击数据列表中的一个单元格，则系统自动将紧邻该单元格的包含数据的所有单元格作为源数据区域）。

b. 按【F11】快捷键，即可基于默认图表类型（柱形图），迅速创建一张新工作表，用来显示建立的图表（即图表与源数据不在同一个工作表中）；或者使用【Alt＋F1】组合键，在当前工作表中创建一个基于默认图表类型（柱形图）的图表。

2）使用"插入"选项卡的按钮。使用"插入"选项卡的按钮来创建图表的具体操作步骤如下：

a. 选中要创建图表的源数据区域。

b. 在"插入"选项卡的"图表"功能组中单击需要的图表对应按钮，如图 3-18 所示。

c. 在打开的子类型中，选择需要的图表类型，即可在当前工作表中快速创建一个嵌入式图表。也可以单击"图表"功能组右下角的对话框启动器，打开图 3-19"插入图表"对话框，在该对话框中选择合适的图表类型后，单击"确定"按钮即可。

图 3-18　"图表"功能组的按钮

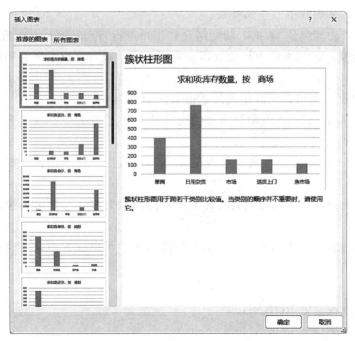

图 3-19　"插入图表"对话框

（2）更改和设置图表。选中制作好的图表，Excel 的功能区将增加"图表设计"选项卡，在"图表设计"选项卡中有"图表布局""图表样式""数据""类型""位置"5 个功能组，提供了对图表的布局、类型、格式、数据来源、图表位置等方面的设置。

1）"图表布局"功能组。"图表布局"功能组允许用户通过选择预定义的图表布局来快速美化图表，从而获得专业的外观。包括以下功能：

a. 调整图表布局："快速布局"下拉按钮能调整图表布局。

b. 添加或删除坐标轴："添加图表元素"下拉按钮为图表添加或删除坐标轴。

c. 添加或删除坐标轴标题："添加图表元素"下拉按钮为图表添加或删除坐标轴标题。

d. 添加或删除图表标题："添加图表元素"下拉按钮为图表添加或删除图表标题。

e. 添加或删除数据标签："添加图表元素"下拉按钮为图表添加或删除数据标签。

f. 添加或删除数据表："添加图表元素"下拉按钮为图表添加或删除数据表。

g. 添加或删除误差线："添加图表元素"下拉按钮为图表添加或删除误差线。

h. 添加或删除网格线："添加图表元素"下拉按钮为图表添加或删除网格线。

i. 添加或删除图例："添加图表元素"下拉按钮为图表添加或删除图例。

j. 添加或删除线条："添加图表元素"下拉按钮为图表添加或删除线条。

k. 添加或删除趋势线："添加图表元素"下拉按钮为图表添加或删除趋势线。

l. 添加或删除涨/跌柱线："添加图表元素"下拉按钮为图表添加或删除涨/跌柱线。

2）"图表样式"功能组。"图表样式"功能组允许用户通过选择预定义的样式来快速美化图表，从而获得专业的外观。

3）"数据"功能组。"数据"功能组允许用户进行行列转换、更改数据源。

a. 行列转换：将原本作为行的数据变为列显示，或者将原本作为列的数据变为行显示。

b. 切换数据源：可以更改图表的数据源。

4）"类型"功能组。"类型"功能组允许用户通过单击"更改图表类型"按钮来更改图表的类型。

5）"位置"功能组。"位置"功能组允许用户通过"移动图表"按钮来更改图表的位置。

另外，以上内容还可以通过右击需要更改的图表元素，在弹出的快捷菜单中进行操作。

（3）更改格式。选中图表，在"格式"选项卡中可以设置图表的边框格式、字体格式、填充颜色等。

8. 应用的函数

（1）四舍五入函数 ROUND。

格式：ROUND(Number,Num_digits)。

功能：根据指定位数对数值进行四舍五入。

参数说明：

Number：要四舍五入的数值。

Num_digits：为执行四舍五入时采用的位数。如果此参数为负数，则取整到小数点的左边；如果此参数为 0，则取整到最接近的整数；如果此参数为正数，则对应保留到小数点后多少位。

（2）排名函数 RANK。

格式：RANK(Number,Ref,[Order])。

功能：返回某数字在一列数字中相对于其他数值的大小排名。此函数与 Excel 2007 和早期版本兼容。

参数说明：

Number：为需要进行排位的数据。

Ref：是排位数据所在的数据列表的单元格引用。

[Order]：可选项，为一数字，指明排位的方式（当为 0 或省略时，表示降序排位；当为非 0 时，表示升序排位）

与 RANK 函数功能类似的还有以下函数。

RANK.EQ(Number,Ref,[Order])函数：返回某数字在一列数字中相对于其他数值的大小排名；如果多个数值排名相同，则返回该组数值的最佳排名。

RANK.AVG(Number,Ref,[Order])函数：返回某数字在一列数字中相对于其他数值的大小排名；如果多个数值排名相同，则返回平均值排名。

以上 3 个函数之间的联系与区别如图 3-20 所示。

	A	B	C	D	E	F	G
1	数据	RANK（降）	RANK（升）	RANK.EQ（降）	RANK.EQ（升）	RANK.AVG（降）	RANK.AVG（升）
2	1800	5	4	5	4	5.5	4.5
3	1700	7	3	7	3	7	3
4	1543	8	2	8	2	8	2
5	1356	9	1	9	1	9	1
6	11111	2	7	2	7	2.5	7.5
7	1899	4	6	4	6	4	6
8	1800	5	4	5	4	5.5	4.5
9	11111	2	7	2	7	2.5	7.5
10	12345	1	9	1	9	1	9

图 3-20　3 个函数的联系与区别

（3）条件统计函数 COUNTIF。

格式：COUNTIF(Range,Criteria)。

功能：计算某个区域中满足给定条件的单元格数目。

参数说明：

Range：为需要统计的单元格数据区域。

Criteria：为条件，其形式可以为常数值、表达式或者文本。

与 COUNTIF 函数功能类似的还有以下函数：

COUNTIFS(Criteria_range1,Criteria1,[Criteria_range2,Criteria2],…)函数：统计一组给定条件所指定的单元格数。

（4）统计计数函数 COUNT。

格式：COUNT(Value1,Value2,…)。

功能：计算区域中包含数字的单元格的个数。

与 COUNT 函数功能类似的还有以下函数：

COUNTA(Value1,Value2,…)函数：计算区域中非空单元格的个数。

COUNTBLANK(Range)函数：计算某个区域中空单元格的数目。

（5）求和函数 SUM。

格式：SUM(Number1,Nubmer2,…)。

功能：计算单元格区域中所有数值的和。

与 SUM 函数功能类似的还有以下函数：

SUMIF(Range,Criteria,[Sum_range])函数：对满足条件的单元格求和。

SUMIFS(Sum_range,Criteria_range1,…)函数：对一组给定条件指定的单元格求和。

（6）最大值函数 MAX。

格式：MAX(Number1，Number2,…)。

功能：返回一组数值中的最大值，忽略逻辑值及文本。

与 MAX 函数功能类似的还有以下函数：

MAXA(Value1,Value2,…)函数：返回一组参数中的最大值，不忽略逻辑值和字符串。

MAXIFS(Max_range,Criteria_range1)函数：返回一组给定条件所指定的单元格的最大值。

（7）最小值函数 MIN。

格式：MIN(Number1，Number2,…)。

功能：返回一组数值中的最小值，忽略逻辑值及文本。

与 MIN 函数功能类似的还有以下函数：

MINA(Value1,Value2,…)函数：返回一组参数中的最小值，不忽略逻辑值和字符串。

MINIFS(Min_range,Criteria_range1)函数：返回一组给定条件所指定的单元格的最小值。

9. 条件格式

条件格式就是根据用户设定的条件，对单元格中的数据进行判断，并为满足条件的单元格添加指定的格式，以更直观的方式来展现数据。用户可以通过设置条件格式更直观地突出某些需要特别强调的数据。

（1）创建条件格式。创建条件格式，应先选中单元格区域，然后单击"开始"选项卡"样式"功能组中的"条件格式"下拉按钮，在打开的下拉列表中选择需要的条件格式。Excel 提供的条件格式有"突出显示单元格规则""最前/最后规则""数据条""色阶"和"图标集"，如图 3-21 所示，用户可以根据需要进行选择。

1）突出显示单元格规则。用户在制作表格时，可以通过选择"突出显示单元格规则"命令来自动标识满足某些设定条件的单元格，让表格具备自动突出重点要点的效果。突出显示单元格规则的类型有"大于""小于""介于""等于"，以及"文本包含""发生日期"和"重复值"。

2）最前/最后规则。最前/最后规则可以为前或后 n 项或 $n\%$ 项的单元格，以及高于或低于平均值的单元格设置单元格格式。

3）数据条。在包含大量数据的表格中，使用通过选择"数据条"命令可以在单元格中直观地展现数据的大小，数据条越长表示数值越大，数据条越小表示数值越小，一目了然、清晰可观。

4）色阶。色阶是指根据单元格填充颜色的深浅展示数据的大小，使数据更加直观易读。用户可以使用系统提供的色阶类型，也可以自定义色阶的颜色。

5）图标集。条件格式中的图标集可以展现分段数据，根据不同的数值等级来显示不同的图标图案。

图 3-21 条件格式的类型

6）使用新建规则。用户不仅可以使用以上预置的规则设置条件格式，还可以通过使用公式来创建条件格式。选择图 3-21 中的"新建规则"命令，即可弹出"新建格式规则"对话框，用户即可选择规则类型，并进行相关格式设置。

（2）管理条件格式。在条件格式创建后，用户可以通过"条件格式规则管理器"对话框对条件格式进行管理，例如编辑规则、删除规则和复制规则等。

1）编辑条件格式规则。创建条件格式后，如果想更改，可以通过编辑条件格式进行重新编辑。选中包含条件格式的单元格区域，选择图 3-21 中的"管理规则"命令，弹出图 3-22"条件格式规则管理器"对话框。单击"编辑规则"按钮，再进行规则更改。

2）删除条件格式规则。用户可以删除不需要的条件格式规则，只需在图 3-22 中，单击"删除规则"按钮即可。

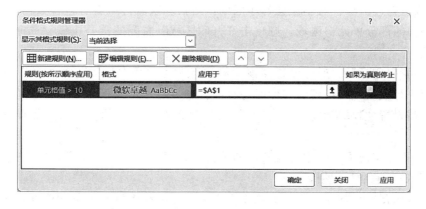

图 3-22 "条件格式规则管理器"对话框

3）复制条件格式规则。如果要在多个区域中使用相同的条件格式规则，可以直接进行复制。复制源单元格区域，在"粘贴选项"或"选择性粘贴"区域选择"格式"命令即可。另外，用户还可以使用"格式刷"功能。

（3）清除条件格式。清除条件格式与删除条件格式规则不同，删除条件格式规则是将选中的规则从该工作表中删除，任何单元格不再具有该条规则，但不影响其他规则。清除条件格式分为"清除所选单元格的规则"和"清除整个工作表的规则"两种情况，是对所选择区域或整个工作表中的所有规则进行删除，使该区域或该工作表不再具有任何一条规则。

1）清除所选单元格的规则。选择需要清除规则的单元格区域，在"条件格式"下拉列表中选择"清除规则"命令，弹出级联列表，选择"清除所选单元格的规则"命令即可。返回工作表，即可看到所选单元格区域的条件格式被清除，而其他单元格区域的条件格式则均未受影响。

2）清除整个工作表的规则。选择数据列表任意单元格，选择"清除整个工作表的规则"命令即可。返回工作表中，即可看到整个工作表的条件格式全都被清除。

（4）条件格式的优先级。在同一个单元格区域可以设置多个条件格式，在管理这些格式规则时，其排列顺序不同，效果有时也就不同，条件格式具有优先级。在"条件格式规则编辑器"对话框中，它们按照从上到下的顺序执行优先顺序。用户可以根据需要通过单击该对话框中的"上移" ⌃ 和"下移" ⌄ 按钮，来改变条件格式的优先级。

10. 打印工作表

在工作表打印输出时，需要对页面布局和打印预览进行设置。

（1）页面布局。Excel 的页面布局包括设置页面的方向、纸张的大小、页边距、打印方向、页眉和页脚等。在"页面布局"选项卡各功能组中显示了各项页面布局功能的按钮，如页边距、纸张方向、页面大小等，这些内容和 Word 中相似，在此不再赘述。

"页面设置"对话框的"工作表"选项卡，如图 3-23 所示。

1）设置打印区域：若不设置打印区域，则系统默认打印所有包含数据的单元格。如果只想打印部分单元格区域，则单击"打印区域"右侧的折叠按钮，选择打印区域范围。

2）设置打印标题。通过设置"顶端标题行"和"从左侧重复的列数"可将工作表中的第一行或第一列设置为打印时每页的标题。通常，当工作表的行数超过一页的高度时，需设置"顶端标题行"；当工作表的列数超过一页的宽度时，需设置"左端标题列"。

3）设置打印选项。选中需要打印的项目，如"网格线""批注"和"注释"等。

4）单击"确定"按钮。

（2）打印预览和打印。在打印工作表之前，可以利用打印预览功能查看实际打印效果。打印预览的具体操作步骤如下：

图 3-23 "页面设置"对话框的"工作表"选项卡

1）选择"文件"选项卡中的"打印"命令；或者单击图 3-23 中的"打印预览"按钮，窗口右侧显示打印的相关设置和文档的预览效果。

2）在窗口的底部显示了当前的页码和总页数，可以输入页码来切换打印预览的对象。

3）单击窗口右下角的 ⊕ 按钮，可以对预览的文件进行放大和缩小。

4）单击窗口右下角的 ▣ 按钮，可以在预览的页面上以细实线显示出页边距的距离，通过鼠标拖动可以改变页边距的大小。

5）在中间的窗格中，可根据需要设置打印参数，如选择需要的打印机、设置打印份数、选择打印的范围等操作。

6）设置完成后，单击"打印"按钮即可打印该工作表。

四、操作步骤

1. 新建工作簿并获得数据源

（1）新建工作簿。新建一个空白工作簿，保存工作簿的文件名为"2023—2024 学年第二学期电子商务专业 22 级成绩测评表 .xlsx"。

（2）获得基础数据。本学期参与测评的课程有：毛泽东思想和中国特色社会主义理论体系概论（3.5 学分）、大学英语 4（2.5 学分）、Java 面向对象程序设计语言（4 学分）、网络营销（2.5 学分）、多媒体技术（3 学分）、管理信息系统（2.5 学分）、大数据概论（2 学分）、运筹学（2 学分）等 8 门课程。

　　某大学教务系统导出的课程成绩表都有统一的格式，其基本结构如图 3 - 24 所示。

某大学学生成绩单

开课学期：2023-2024-2		开课对象：商学院					
课程编号：SX22030013		课程名称：网络营销					
学时：48	考试方式：考试				成绩评定方式：分数方式		

序号	学号	姓名	成绩	备注	序号	学号	姓名	成绩	备注
1	202209109001	甲子	84.6		31	202209109031	甲午	75.7	
2	202209109002	乙丑	66.3		32	202209109032	乙未	64.8	
3	202209109003	丙寅	87.4		33	202209109033	丙申	65.7	
4	202209109004	丁卯	84.4		34	202209109034	丁酉	88.2	
5	202209109005	戊辰	71.3		35	202209109035	戊戌	93.9	
6	202209109006	己巳	88.2		36	202209109036	己亥	96.5	
7	202209109007	庚午	90.2		37	202209109037	庚子	95.2	
8	202209109008	辛未	86.8		38	202209109038	辛丑	95.1	
9	202209109009	壬申	82		39	202209109040	壬寅	92.1	
10	202209109010	癸酉	82.7		40	202209109041	癸卯	74.5	
11	202209109011	甲戌	84.4		41	202209109043	甲辰	77.9	
12	202209109012	乙亥	83.9		42	202209109044	乙巳	81.3	
13	202209109013	丙子	84.7		43	202209109047	丙午	81.8	
14	202209109014	丁丑	92.9		44	202209109048	丁未	88.7	
15	202209109015	戊寅	82.5		45	202209109049	戊申	93.1	
16	202209109016	己卯	83.4		46	202209109050	己酉	79.1	
17	202209109017	庚辰	85.4		47	202209109052	庚戌	86.4	
18	202209109018	辛巳	89.3		48	202209109054	辛亥	87.5	
19	202209109019	壬午	93		49	202209109055	壬子	95.9	
20	202209109020	癸未	92.4		50	202209109057	癸丑	78.3	
21	202209109021	甲申	89.6		51	202209109058	甲寅	90.3	
22	202209109022	乙酉	92.3		52	202209109059	乙卯	64.8	
23	202209109023	丙戌	93		53	202209109060	丙辰	67.2	
24	202209109024	丁亥	81.8		54	202209109061	丁巳	74.9	
25	202209109025	戊子	78.3		55	202209109062	戊午	72	
26	202209109026	己丑	75.7		56	202209109063	己未	70.1	
27	202209109027	庚寅	65.2		57	202209109064	庚申	73.4	
28	202209109028	辛卯	71.5		58	202209109065	辛酉	65.7	
29	202209109029	壬辰	67.3		59	202209109066	壬戌	74.1	
30	202209109030	癸巳	67.9		60	202209109067	癸亥	70.6	

分数段	90～100（优秀）	80～89（良好）	70～79（中等）	60～69（及格）	59以下（不及格）
人数	14	22	16	9	0
比例	23.0%	36.1%	26.2%	14.8%	0.0%
平均成绩		81.37		及格率	100.0%

考 试 简 况

应到	61	实到	61	缓考人数	0

任课教师（签字）：　　　　　　　　　　　　主任签字：

日期：

注：成绩单打印、签字后存各学院

图 3 - 24　某大学课程成绩表样式

2. 编辑工作表中的数据

（1）导入基础数据。将 Sheet1 更名为"总成绩"，并将以上 8 门课程的成绩单通过"移动或复制工作表"功能复制到"总成绩"工作表右侧，并依次更名为"毛概"（为了不至于使工作表名称和单元格列宽过大，所以用课程简称）"英语 4""Java""网销""多媒体""管信""大数据""运筹学"。

在"毛概"工作表前，增加"学分"工作表，并输入课程名及学分，其结构如图 3 - 25 所示。

（2）编辑"总成绩"工作表。

1）制作数据清单。

a. 空一行（为后期制作表头预留一行），在"A2"中输入"序号"、"B2"中输入"学号"、"C2"中输入"姓名"、"D2"中输入"毛概"、"E2"中输入"英语 4"、"F2"中输入"Java"、"G2"中输入"网销"、"H2"中输入"多媒体"、"I2"中输入"管信"、"J2"中输入"大数据"、"K2"中"输入""运筹学"、"L2"中输入"学分绩"、"M2"中输入"排名"。

b. 分两次（由于源表分两列）将图 3 - 24 中"序号"（此数据也可以用等差序列填充）"学号"（此数据不可以用等差序列填充，因为有少量学号缺失）"姓名"下的数据内容，复制到"A2""B2""C2"下方的单元格内。

	A	B
1	课程名	学分
2	毛概	3.5
3	英语4	2.5
4	Java	4
5	网销	2.5
6	多媒体	3
7	管信	2.5
8	大数据	2
9	运筹学	2
10	总学分	22

图 3 - 25 课程学分表

c. 依次将每门课的成绩，复制到"总成绩"工作表的相应课程字段名下。

d. 对"A1:M1"单元格区域，执行"合并并居中"操作，并输入"2023—2024 学年第二学期电子商务专业 22 级智育综合测评表"。

2）计算学分绩。学分绩计算的是学生每门课程的期末分数按照学分的加权平均值。即

$$CS = \sum_{1}^{n} S_n C_n / \sum_{1}^{n} C_n$$

式中：CS 为学分绩；S 为课程分数；C 为课程学分；n 为课程门数。

a. 因成绩在源表中是以文本形式存储的数字，所以将"总成绩"工作表中"D3:K62"单元格区域选中，会出现 ⚠ 按钮。单击此按钮会出现图 3 - 26 快捷菜单，选择"转换为数字"命令，即可将区域中的文本数字全部转换为数值数字，便可进行数学计算。

以文本形式存储的数字
转换为数字(C)
关于此错误的帮助(H)
忽略错误(I)
在编辑栏中编辑(F)
错误检查选项(O)...

图 3 - 26 快捷菜单

b. 根据上述计算公式，在"总成绩"工作表的"L3"中输入"=ROUND((D3*学分！$B$2+E3*学分！$B$3+F3*学分！$B$4+G3*学分！$B$5+H3*学分！$B$6+I3*学分！$B$7+J3*学分！$B$8+K3*学分！$B$9)/学分！$B$10,3)"，按【Enter】键，计算出序号为"1"的学生的学分绩。需要注意的是，此处利用单元格的相对引用和绝对引用，以及跨工作表引用，ROUND 函数进行四

舍五入计算并保留 3 位小数。

c. 利用填充柄，计算出所有学生的学分绩。

3）计算排名。

a. 在"总成绩"工作表中，选中"排名"字段名下的"M3"单元格，输入"＝RANK（L3，$L$3：$L$62）"，按【Enter】键，计算出序号为"1"的学生的学分绩排名。

b. 利用填充柄，计算出所有学生的学分绩排名。

3. 美化表格

（1）页面设置。美化表格必须在确定纸张大小、页边距的基础上进行。

1）将"总成绩"工作表的纸张设置为"A4"，方向为"横向"。

2）根据实际情况，设置适当的页边距。

（2）添加边框。为"总成绩"工作表的"A2：M62"单元格区域设置"细边框线"。

（3）设置行高和列宽。

1）设置第一行标题行的行高为"36"，设置第 2 行至第 62 行的行高为"23"。

2）设置"序号"列的列宽为"5"，设置"学号"列的列宽为"14"，设置"姓名"列的列宽为"10"，设置"课程""学分绩""排名"列的列宽均为"8.56"。

（4）设置字体和字号。

1）将所有中文设置为"宋体"，西文设置为"Times New Roman"。

2）将第一行标题字的字号设置为"24"，数据清单中的所有字段名和记录内容的字号都设置为"12"。

（5）设置对齐方式。

1）所有字段名均设置为"水平居中"。

2）"序号"和"学号"记录内容设置为"水平居中"，"姓名"记录内容设置为"左对齐"，剩余其他记录内容均设置为"右对齐"。

4. 总成绩数据分析

（1）统计分段人数。分段统计学分绩的人数及比例，有助于辅导员老师们开展工作。具体操作步骤如下：

资源 3－8
统计分段
人数

1）在"总成绩"工作表中"B65"开始的单元格区域建立统计分析表，并为该区域添加边框，设置对齐方式，如图 3－27 所示。

	A	B	C	D	E	F	G	H
64								
65		分数段	60分以下	60～70分	70～80分	80～90分	90分以上	总计
66		人数						
67		比例						
68		最高分				最低分		

图 3－27 统计分析表

2）在"C66"单元格中，插入 COUNTIF 函数，其参数设置如图 3－28 所示。即统计小于 60 分的人数。

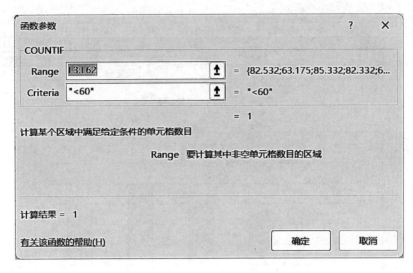

图 3－28　COUNTIF 函数参数设置

3）在"D66"单元格中，输入"＝COUNTIF(L3：L62,"＜70")－COUNTIF(L3：L62,"＜60")"，按【Enter】键，统计出小于 70 分减去小于 60 分的人数，即 60～70 分之间的人数（含 60 分）。

4）依次在"E66""F66""G66"单元格中输入"＝COUNTIF(L3：L62,"＜80")－COUNTIF(L3：L62,"＜70")""＝COUNTIF(L3：L62,"＜90")－COUNTIF(L3：L62,"＜80")""＝COUNTIF(L3：L62,"＞＝90")"，统计各分数段人数。

5）在"H66"单元格中，输入"＝SUM(C66：G66)"，统计总人数。

（2）统计分数段比例。

1）在"总成绩"工作表中，将"C67：H67"单元格区域的数字格式设置为"百分比"，"小数位数"为"2"。

2）在"C67"单元格中，输入"＝C66／＄H＄66"，按【Enter】键统计出成绩在 60 分以下的人数所占的比例。

3）利用填充柄，自动填充其他分数段的比例数据。

（3）统计学分绩最高分和最低分。

1）在"C68"单元格中，输入"＝MAX(L3：L62)"，按【Enter】键找到学分绩最高分。

2）在"G68"单元格中，输入"＝MIN(L3：L62)"，按【Enter】键找到学分绩最低分。

统计的最终结果如图 3－29 所示。

（4）插入图表。

1）利用图 3－29 中的数据，插入各分数段人数柱状图，结果如图 3－30 所示。

2）利用图 3－29 中的数据，插入各分数段人数比例的饼状图，结果如图 3－31 所示。

资源 3－9
统计分数
段比例

资源 3－10
统计学分
绩最高分
和最低分

资源 3－11
插入图表

	A	B	C	D	E	F	G	H
65		分数段	60分以下	60～70分	70～80分	80～90分	90分以上	总计
66		人数	1	13	14	20	12	60
67		比例	1.67%	21.67%	23.33%	33.33%	20.00%	100.00%
68		最高分	93.409			最低分	59.889	

图 3-29 统计的最终结果

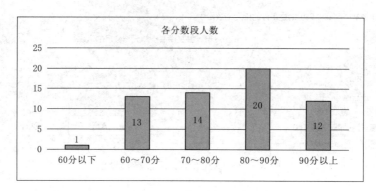

图 3-30 各分段人数柱状图

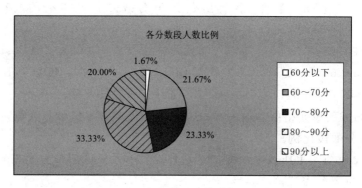

图 3-31 各分数段人数比例饼状图

（5）利用高级筛选确定各课程不及格的学生。

1）设置条件区域。新建一个工作表，输入图 3-32 高级筛选条件区域，用于筛选出各课程中不及格的分数。

	A	B	C	D	E	F	G	H
1	条件区域							
2								
3	毛概	英语4	Java	网销	多媒体	管信	大数据	运筹学
4	<60							
5		<60						
6			<60					
7				<60				
8					<60			
9						<60		
10							<60	
11								<60

图 3-32 高级筛选条件区域

2）执行高级筛选。根据高级筛选的操作方法，执行高级筛选的结果如图 3－33 所示。

序号	学号	姓名	毛概	英语4	Java	网销	多媒体	管信	大数据	运筹学	学分绩	排名
2	202209109002	乙丑	67.8	65	61.3	57	56.3	71.3	67.3	60.3	63.175	55
27	202209109027	庚寅	66.7	63.9	60.2	65.2	55.2	70.2	66.2	59.2	63.132	56
29	202209109029	壬辰	68.8	66	62.3	67.3	57.3	72.3	68.3	61.3	65.232	53
30	202209109030	癸巳	69.4	66.6	62.9	67.9	57.9	72.9	68.9	61.9	65.832	52
32	202209109032	乙未	66.3	63.5	59.8	64.8	54.8	69.8	65.8	58.8	62.732	58
33	202209109033	丙申	67.2	64.4	60.7	65.7	55.7	70.7	58	59.7	62.841	57
52	202209109059	乙卯	59	63.5	59.8	64.8	54.8	55	65.8	58.8	59.889	60
53	202209109060	丙辰	68.7	65.9	62.2	67.2	57.2	72.2	68.2	61.2	65.132	54
58	202209109065	辛酉	67.2	56	60.7	65.7	55.7	70.7	66.7	59.7	62.677	59

图 3－33　高级筛选结果

（6）添加条件格式。在图 3－33 中，不及格的分数并不明显，可以添加"突出显示单元格规则"以增强其易读性，如图 3－34 所示，显示结果如图 3－35 所示。

资源 3－13
根据成绩
添加条件
格式

图 3－34　"突出显示单元格规则"

序号	学号	姓名	毛概	英语4	Java	网销	多媒体	管信	大数据	运筹学	学分绩	排名
2	202209109002	乙丑	67.8	65	61.3	57	56.3	71.3	67.3	60.3	63.175	55
27	202209109027	庚寅	66.7	63.9	60.2	65.2	55.2	70.2	66.2	59.2	63.132	56
29	202209109029	壬辰	68.8	66	62.3	67.3	57.3	72.3	68.3	61.3	65.232	53
30	202209109030	癸巳	69.4	66.6	62.9	67.9	57.9	72.9	68.9	61.9	65.832	52
32	202209109032	乙未	66.3	63.5	59.8	64.8	54.8	69.8	65.8	58.8	62.732	58
33	202209109033	丙申	67.2	64.4	60.7	65.7	55.7	70.7	58	59.7	62.841	57
52	202209109059	乙卯	59	63.5	59.8	64.8	54.8	55	65.8	58.8	59.889	60
53	202209109060	丙辰	68.7	65.9	62.2	67.2	57.2	72.2	68.2	61.2	65.132	54
58	202209109065	辛酉	67.2	56	60.7	65.7	55.7	70.7	66.7	59.7	62.677	59

图 3－35　设置条件格式后的结果

5．排版打印

（1）添加页码。

1）打开"页面设置"对话框，选择"页眉/页脚"选项卡。

2）单击"自定义页脚"按钮，打开"页脚"对话框，在"中部"文本框中插入页码和总页数。

（2）设置打印范围。

1）在"页面设置"对话框中，选择"工作表"选项卡。

2）在"打印区域"文本框中输入"A1:M62"，只打印学分绩和总排名作为公示材料，其他数据分析只作为辅导员老师的参考数据，不在打印范围内。

3）在"顶端标题行"输入"$1:$2"，打印时使每个页面都有标题行作为表头。

五、实例总结

本实例通过对学生某学期智育成绩学分绩的统计与分析，介绍了 Excel 中数据的导入、数字格式的设置、表格的美化、公式和函数的使用、相对引用和绝对引用、图表的应用、高级筛选、条件格式的应用等操作。用户掌握 Excel 的数据处理的基本方法后，能提高工作效率和准确性。

第三节　商店的销售数据管理

一、实例导读

商店的销售数据管理，主要分析各项销售指标，例如销售量、销售额、毛利润等。它能帮助店主了解销售情况、制定销售策略、作出经营决策，以提高店铺的销售业绩和盈利能力。

二、实例分析

小谢同学利用暑假时间到一家生鲜批发商店勤工俭学。店里每周都要进行销售数量、销售额和毛利润汇总，计算很不方便，而且容易出错，效率很低。

小谢决定着手改进销售数据管理，她突然想到可以用 Excel 软件制作销售数据表格，结合所在生鲜店的实际情况，实现销售数据的基本计算和统计。她打定主意便开始行动，并且在遇到困难时，回学校请教老师，终于设计出了销售数据统计表。

三、技术要点

需要说明的是，在前一节介绍的技术要点内容，这里不再重复，应用时直接使用。销售数据管理需要用到以下技术要点和功能。

1. 合并计算

用户如果要将结构相似或内容相同的多个数据表进行合并统计，可以使用合并计算功能。合并计算功能可以汇总或合并多个数据源区域中的数据，具体有按位置合并计算和按类别合并计算两种方式。其中，数据区域可以是同一工作表，可以是同一工作簿中的不同工作表，也可以是不同工作簿中的工作表。

下面以某一家电商城的销售表格为例，具体数据如图 3–36 所示，说明合并计算的具体应用方法。

	A	B	C	D	E	F	G
1	产品名称	销量	销售额		产品名称	销量	销售额
2	电脑	345	1724655		电脑	456	2279544
3	电视机	456	1321944		电视机	234	678366
4	电冰箱	999	1997001		电冰箱	876	1751124
5	洗衣机	1245	1119255		洗衣机	987	887313
6	空调	3216	12860784		空调	1235	4938765
7							
8		济南				青岛	

图 3–36　源数据

（1）按位置合并计算。按位置合并计算就是将多张工作表中相同位置的数值进行计算，"A1:C6"单元格区域为"济南"数据表，"E1:G6"单元格区域为"青岛"数据表，"C10:E15"单元格区域为"汇总"数据表，如图3-37所示。3张数据表的结构和顺序完全一致，要求在"汇总"数据表的"D11:E15"单元格区域中计算出"济南"和"青岛"数据表各产品总的销量和销售额。具体步骤如下：

1）在图3-37中，选中"D11"单元格，切换至"数据"选项卡，单击"数据工具"功能组中的"合并计算"按钮。

2）在打开的"合并计算"对话框中的"函数"下拉列表中选择"求和"命令。

3）单击"引用位置"右侧的折叠按钮。返回工作表中，选择"B2:C6"单元格区域，再次单击折叠按钮，返回"合并计算"对话框。即在"引用位置"文本框中显示引用的单元格区域，单击"添加"按钮，将引用区域添加至"所有引用位置"。

4）按照相同的方法，将"F2:G6"单元格区域也添加至"所有引用位置"，如图3-38所示。然后单击"确定"按钮，返回工作表中即可看到按位置合并计算的结果，如图3-39所示。

图3-37 按位置合并计算原始表　　　　　图3-38 "合并计算"对话框

（2）按类别合并计算。如果要将多个位置不相同的数值进行计算，就要按类别合并计算。按类别合并计算原始表如图3-40所示，"C10:E15"单元格区域为"汇总"数据表，其中"济南"和"青岛"两张数据表的结构并不完全一致，产品名称的排列顺序不同，要求在汇总表的"C10:E15"单元格区域中计算出"济南"和"青岛"数据表各产品总的销量和销售额。具体步骤与按位置合并计算类似。

1）选中"C10"单元格，打开"合并计算"对话框，在"函数"下拉列表中选择"求和"命令。

2）单击"引用位置"右侧的折叠按钮。返回工作表中，分别选择"A1:C6"和"E1:G6"单元格区域添加至"所有引用位置"，并勾选"标签位置"下方的"首行"和"最左列"复选框，然后单击"确定"按钮，返回工作表中即可看到结果。

产品名称	销量	销售额
电脑	801	4004199
电视机	690	2000310
电冰箱	1875	3748125
洗衣机	2232	2006568
空调	4451	17799549
	汇总	

图 3-39　按位置合并计算结果

	A	B	C	D	E	F	G
1	产品名称	销量	销售额		产品名称	销量	销售额
2	电脑	345	1724655		洗衣机	987	887313
3	电视机	456	1321944		空调	1235	4938765
4	电冰箱	999	1997001		电视机	234	678366
5	洗衣机	1245	1119255		电脑	456	2279544
6	空调	3216	12860784		电冰箱	876	1751124
7							
8		济南				青岛	
9							
10							
11							
12							
13							
14							
15							
16							
17				汇总			

图 3-40　按类别合并计算原始表

资源 3-16
排序

2. 排序

使用排序功能可以将表格中的数据按照指定的顺序规律进行排列，从而更直观地显示数据，能够满足用户多角度浏览的需求。排序的方式有升序、降序、按笔画排序等。以图 3-41 中的表格数据为例，讲述排序的功能。

（1）单字段排序。

1）数字的排序。图 3-41 中，A 列为产品名称，B 列为类型，C 列为单价，D 列为销量，E 列为销售额，要求将表格根据 C 列单价按从小到大的升序顺序进行排列，操作方法为：单击"C1:C12"单元格区域任意单元格，切换至"数据"选项卡，单击"排序和筛选"功能组中的"升序"按钮。排序后如图 3-42 所示。

	A	B	C	D	E
1	产品名称	类型	单价	销量	销售额
2	联想笔记本电脑	数码	4999	345	1724655
3	海信电视机	家电	2899	456	1321944
4	美菱电冰箱	家电	1999	999	1997001
5	海尔洗衣机	家电	899	1245	1119255
6	格力空调	家电	3999	3216	12860784
7	华为手机	数码	2999	436	1307564
8	美的智能风扇	家电	199	321	63879
9	爱普生扫描仪	数码	189	13	2457
10	惠激光普打印机	数码	898	344	308912
11	西门子智能洗碗机	厨电	5299	25	132475
12	华帝抽油烟机	厨电	1999	239	477761

图 3-41　排序源数据

	A	B	C	D	E
1	产品名称	类型	单价	销量	销售额
2	爱普生扫描仪	数码	189	13	2457
3	美的智能风扇	家电	199	321	63879
4	惠激光普打印机	数码	898	344	308912
5	海尔洗衣机	家电	899	1245	1119255
6	美菱电冰箱	家电	1999	999	1997001
7	华帝抽油烟机	厨电	1999	239	477761
8	海信电视机	家电	2899	456	1321944
9	华为手机	数码	2999	436	1307564
10	格力空调	家电	3999	3216	12860784
11	联想笔记本电脑	数码	4999	345	1724655
12	西门子智能洗碗机	厨电	5299	25	132475

图 3-42　C 列升序排序结果

如果想对 C 列的单价进行从大到小的排序方式，只需单击"排序和筛选"功能组中的"降序"按钮即可。排序后如图 3-43 所示。

2）文本的排序。文本的排序方式有两种：一种是按字母排序；另一种是按笔画排序。Excel 在默认情况下是按字母排序的。

当按字母排序时，直接单击"数据"选项卡"排序和筛选"功能组中的"升序"或"降序"按钮即可。将图 3-41 中 A 列的产品名称按照降序排序操作方法为：选中

"A1:A12"单元格区域任意单元格，单击"排序和筛选"功能组中的"降序"按钮，排序后如图3-44所示。

	A	B	C	D	E
1	产品名称	类型	单价	销量	销售额
2	西门子智能洗碗机	厨电	5299	25	132475
3	联想笔记本电脑	数码	4999	345	1724655
4	格力空调	家电	3999	3216	12860784
5	华为手机	数码	2999	436	1307564
6	海信电视机	家电	2899	456	1321944
7	美菱电冰箱	家电	1999	999	1997001
8	华帝抽油烟机	厨电	1999	239	477761
9	海尔洗衣机	家电	899	1245	1119255
10	惠激光普打印机	数码	898	344	308912
11	美的智能风扇	家电	199	321	63879
12	爱普生扫描仪	数码	189	13	2457

图3-43　C列降序排序结果

	A	B	C	D	E
1	产品名称	类型	单价	销量	销售额
2	西门子智能洗碗机	厨电	5299	25	132475
3	美菱电冰箱	家电	1999	999	1997001
4	美的智能风扇	家电	199	321	63879
5	联想笔记本电脑	数码	4999	345	1724655
6	惠激光普打印机	数码	898	344	308912
7	华为手机	数码	2999	436	1307564
8	华帝抽油烟机	厨电	1999	239	477761
9	海信电视机	家电	2899	456	1321944
10	海尔洗衣机	家电	899	1245	1119255
11	格力空调	家电	3999	3216	12860784
12	爱普生扫描仪	数码	189	13	2457

图3-44　A列降序排序结果

由于Excel对文本默认的排序方式是按字母排序，如果要对文本按笔画进行排序，需要先在"排序"对话框中进行设置。选中"A1:A12"单元格区域任意单元格，切换至"数据"选项卡，单击"排序和筛选"功能组中的"排序"按钮，在打开的"排序"对话框中，将关键字设置为"产品名称"，排序依据设置为"单元格值"，次序在这里设置为"降序"，如图3-45所示。然后单击"选项"按钮，在打开的"排序选项"对话框中，选中"笔画排序"单选按钮。操作完成后单击"确定"按钮关闭对话框。在返回的"排序"对话框中继续单击"确定"按钮。返回工作表后，即可看到A列的产品名称已经按第一个字符的笔画数进行了降序排列。

图3-45　"排序"对话框

（2）多字段排序。多字段排序是指工作表中的数据按照两个或两个以上的关键字进行排序。仍以图3-41中的数据为例，要求对"类型"和"销量"同时做升序排序操作。

选中"A1:E12"单元格区域的任意单元格，打开"排序"对话框，将关键字设置为"类型"，排序依据设置为"单元格值"，次序设置为"升序"，然后单击"添加条件"或者"复制条件"按钮，在复制出的条件中，将关键字更改为"销量"如图3-46所示。操作完成后，单击"确定"按钮关闭对话框完成设置。

图 3-46　"排序"对话框——多条件排序

需要注意的是，在多字段排序中，条件之间具有优先级，上面的条件优先于下面的条件，如果要改变条件之间的优先级，可以在选中该条件后单击"复制条件"按钮右侧的"上移" ⌃ 或"下移" ⌄ 按钮进行调整。

（3）自定义排序。如果用户有按照个人意愿进行排序的需求，可以通过创建自定义序列进行设置。例如，在前述的实例中，要求对"类别"字段按特定的顺序进行排列，假设顺序为自定义序列"家电,厨电,数码"（已经完成自定义序列）。设置的方法如下。

选中"A1:E12"单元格区域的任意单元格，打开"排序"对话框，将关键字设置为"类型"，排序依据设置为"单元格值"，然后单击次序右侧的下拉按钮，在下拉列表中选择"自定义序列"命令，弹出"自定义序列"对话框，在"自定义序列"对话框中选择事先定义好的"家电,厨电,数码"，返回"排序"对话框中，如图 3-47 所示，单击"确定"按钮即可。

图 3-47　"排序"对话框——自定义序列

3. 分类汇总

资源 3-17
分类汇总

分类汇总是指对报表中的数据进行计算，并在数据区域插入行显示计算的结果。分类汇总默认的函数是求和，系统提供的函数类型有"求和""计数""平均值""最大值""最小值""乘积""数值计数""标准偏差""总体标准偏差""方差"和"总体方差"，用户可以根据需要进行设置。

（1）简单分类汇总。仍以图3-41的数据为例，要求根据"类型"字段，分类汇总"销售额"字段。

1）创建数据分类汇总之前，需要先对分类字段进行排序，选中B列数据任意单元格完成升序排序。

2）选中数据列表任意单元格，单击"数据"选项卡中的"分级显示"功能组中的"分类汇总"按钮，在打开的"分类汇总"对话框中，将"分类字段"设置为"类型"，将"汇总方式"设置为"求和"，在"选定汇总项"区域勾选"销售额"复选框，其他项目保持默认，如图3-48所示。设置完成后单击"确定"按钮。

3）返回工作表，即可看到根据"类型"对"销售额"进行了求和计算，默认为三级显示，如图3-49所示。

图3-48 "分类汇总"对话框

			A	B	C	D	E
		1	产品名称	类型	单价	销量	销售额
		2	西门子智能洗碗机	厨电	5299	25	132475
		3	华帝抽油烟机	厨电	1999	239	477761
		4		厨电 汇总			610236
		5	美菱电冰箱	家电	1999	999	1997001
		6	美的智能风扇	家电	199	321	63879
		7	海信电视机	家电	2899	456	1321944
		8	海尔洗衣机	家电	899	1245	1119255
		9	格力空调	家电	3999	3216	12860784
		10		家电 汇总			17362863
		11	联想笔记本电脑	数码	4999	345	1724655
		12	惠普激光普打印机	数码	898	344	308912
		13	华为手机	数码	2999	436	1307564
		14	爱普生扫描仪	数码	189	13	2457
		15		数码 汇总			3343588
		16		总计			21316687

图3-49 简单分类汇总结果

4）单击图3-49中汇总行左上角的分级显示按钮，可以改变分类汇总的显示级别，当单击"2"时，为二级显示；当单击"1"时，为一级显示。单击汇总行左侧的展开和折叠按钮，可以自定义分类汇总的显示级别。

（2）多重分类汇总。要求根据"类型"字段，统计"销量"的平均值和"销售额"的合计值。本例中"类型"字段已经排序，可以直接用于创建数据分类汇总。

1）选中数据列表任意单元格，打开"分类汇总"对话框中，将"分类字段"设置为"类型"，"汇总方式"设置为"平均值"，在"选定汇总项"区域勾选"销量"复选框，其他项目保持默认，设置完成后单击"确定"按钮。

2）返回工作表中，即可看到根据"类型"对"销量"进行了平均值计算，默认为三级显示。再次切换至"数据"选项卡，单击"分级显示"功能组中的"分类汇总"按钮。

3）在打开的"分类汇总"对话框中，将"分类字段"设置为"类型"，"汇总方式"设置为"求和"，在"选定汇总项"区域勾选"销售额"复选框，取消勾选"替换当前分类汇总"复选框，设置完成后单击"确定"按钮。

4）返回工作表，即可看到根据"类型"对"销量"进行了平均值计算，对

"销售额"进行了求和计算,二者同时存在,汇总默认为四级显示,如图 3 - 50 所示。

	产品名称	类型	单价	销量	销售额
1	产品名称	类型	单价	销量	销售额
2	西门子智能洗碗机	厨电	5299	25	132475
3	华帝抽油烟机	厨电	1999	239	477761
4		厨电 汇总			610236
5		厨电 平均值		132	
6	美的智能风扇	家电	199	321	63879
7	海信电视机	家电	2899	456	1321944
8	美菱电冰箱	家电	1999	999	1997001
9	海尔洗衣机	家电	899	1245	1119255
10	格力空调	家电	3999	3216	12860784
11		家电 汇总			17362863
12		家电 平均值		1247.4	
13	爱普生扫描仪	数码	189	13	2457
14	惠激光普打印机	数码	898	344	308912
15	联想笔记本电脑	数码	4999	345	1724655
16	华为手机	数码	2999	436	1307564
17		数码 汇总			3343588
18		数码 平均值		284.5	
19		总计			21316687
20		总计平均值		694.4545	

图 3 - 50 多重分类汇总结果

(3)隐藏分级显示。在创建分类汇总后,用户有时需要保留数据区域的汇总,但不想显示左侧的分级显示。此时,分级显示可以设置为隐藏,下面介绍两种设置方法。

1)Excel 选项对话框隐藏。

a. 在"文件"选项卡中单击"选项"按钮,在打开的"Excel 选项"对话框中,选择"高级"选项卡,在右侧找到"此工作表的显示选项"区域,取消勾选"如果应用了分级显示,则显示分级显示符号"复选框,设置完成后,单击"确定"按钮关闭对话框完成设置。

b. 返回工作表中,即可看到表中只显示汇总结果,而不在工作表的左侧显示分级。

2)功能区隐藏。在"数据"选项卡,单击"分级显示"功能组中的"取消组合"下拉按钮,在打开的下拉列表中,选择"清除分级显示"命令,同样可以隐藏分级显示。

如果要显示被隐藏的分级显示,使用什么方法隐藏就按照相反的操作恢复显示。如果是使用"Excel 选项"对话框隐藏,只需再次勾选"如果应用了分级显示,则显示分级显示符号"复选框即可。如果是使用功能区隐藏,则切换至"数据"选项卡,单击"分级显示"组中的"组合"下拉按钮,在打开的下拉列表中,选择"自动建立分级显示"命令即可。

(4)分页显示分类汇总。分页显示分类汇总是将汇总的每一类数据单独列在一页中,使用该功能可以把每一类数据分别打印在不同页面的纸张上,这样数据会更加清晰。

1)使用分类汇总时,在打开的"分类汇总"对话框中,勾选"每组数据分页"

复选框，然后单击"确定"按钮。

2）接着切换至"页面布局"选项卡，单击"页面设置"功能组中的对话框启动器，在打开的"页面设置"对话框中，切换至"工作表"选项卡，单击"顶端标题行"右侧的折叠按钮，返回工作表中选中标题行，再单击"确定"按钮完成设置。

3）设置完成后，单击"打印预览"按钮，即可看到一页中只有某一分类字段的数据和汇总数据。

4.数据透视表

数据透视表是一种具有数据交互功能的表，在对大量数据进行汇总和分析时，首选数据透视表。数据透视表的结构包括行区域、列区域、值区域和筛选区域 4 个部分，通过将各个字段在不同的区域进行添加、删除和移动，可以实现动态地改变数据列表的版面布局和汇总分析方式的目标。

资源 3－18
数据透视表

（1）创建数据透视表。创建数据透视表可以通过创建"推荐的数据透视表"进行，也可以先创建空白的数据透视表，再按需求添加字段内容。下面仍以图 3－41 中的数据对这两种方法分别进行介绍。

1）创建"推荐的数据透视表"。创建"推荐的数据透视表"可以快速地插入数据透视表，创建完成后也可以根据需要再对字段进行调整，具体的创建方法如下。

a.选择数据列表任意单元格，切换至"插入"选项卡，单击"表格"功能组中的"推荐的数据透视表"按钮。

b.在打开的"推荐的数据透视表"对话框中，在左侧选择合适的透视表类型，如图 3－51 所示，设置完成后单击"确定"按钮。

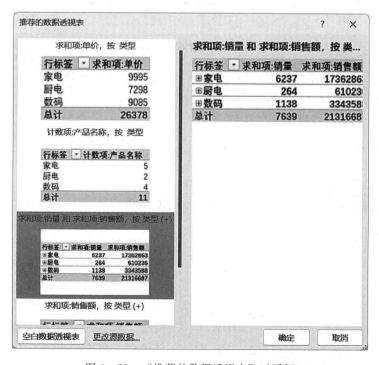

图 3－51 "推荐的数据透视表"对话框

对于使用该方法创建的透视表，Excel 会自动创建一个新的工作表进行存放，并同时打开"数据透视表字段"窗格，如图 3-52 所示。

图 3-52　"推荐的数据透视表"完成创建

2）创建空白的数据透视表。用户也可以先创建没有任何数据的空白透视表，然后根据需要自由添加数据。仍以图 3-41 中的数据为例。

a. 类似的，单击表格功能组中的"数据透视表"命令，在打开的"来自表格或区域的数据透视表"对话框中，保持默认状态，如图 3-53 所示，单击"确定"按钮。在图 3-53 中"选择放置数据透视表的位置"区域，默认为选中"新工作表"单选按钮，表示将创建新的工作表用于存放新创建的数据透视表。如果用户希望将创建的数据透视表放在当前工作表或指定的工作表中，则选中"现有工作表"单选按钮，并通过"位置"右侧的折叠按钮选择具体的存放位置即可。

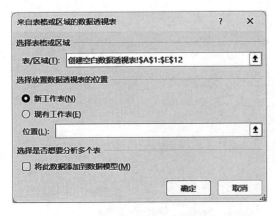

图 3-53　"来自表格或区域的数据透视表"
对话框

b. 默认情况下，Excel 也会自动

创建一个新的工作表进行存放，并同时打开"数据透视表字段"窗格，如图 3 - 54
所示。

图 3 - 54　"空白的数据透视表"完成创建

3）在数据透视表里添加字段。用户创建空白的数据透视表后，需要在其中添加
字段，才能对数据进行汇总分析等操作。选中空白数据透视表中任意单元格，即可打
开"数据透视表字段"窗格，如果没有打开，手动打开即可。切换至"数据透视表分
析"选项卡，单击"显示"功能组中的"字段列表"按钮。

a. 在打开的"数据透视表字段"窗格的"选择要添加到报表的字段"区域中，选
中"类型"字段然后按住鼠标左键，将该字段拖至报表"筛选"区域。

b. 按照相同的方法，将"产品名称"字段拖至"行"区域，将"销售量"和"销
售额"字段拖至"值"区域。

在"数据透视表字段"窗格中，如果同一区域添加了多个字段，可以对该区域的
字段做上下移动，从而改变数据汇总分析的视角。

单击"值"区域中"销量"字段的下拉按钮，在打开的下拉列表中选择"下移"

命令即可。

同样的，改变各区域中字段的位置，可以使数据透视表的布局和透视视角发生改变。例如，将"值"区域中的"销量"字段拖至"列"区域，即可看到数据透视表布局所发生的变化。

单击"筛选"按钮，可以对数据透视表进行报表筛选。例如，单击"筛选"按钮，即可打开"类型"字段下的所有类型，在列表中勾选"选择多项"复选框，再取消勾选上方的"全选"复选框，再勾选"家电"复选框，然后单击"确定"按钮。返回数据透视表，即可发现只有"家电"的数据内容被显示出来。

（2）编辑数据透视表。数据透视表创建完成之后，用户还可以根据需要对数据透视表进行编辑，例如刷新数据透视表、移动数据透视表、更改数据源、排序和筛选等。

1）刷新数据透视表。数据透视表是数据源数据的表现形式，当数据源发生变化，例如增加、减少或者更改数据时，需要刷新数据透视表才能更新数据透视表中的数据，刷新数据透视表分为手动刷新和自动刷新两种方法。

a. 手动刷新。手动刷新数据透视表，可以使用鼠标右键，也可以使用功能区命令，使用功能区命令还可以对整个工作簿的工作表进行刷新。

使用鼠标右键刷新：选中透视表内任意单元格，右击，在打开的快捷菜单中，选择"刷新"命令。

使用功能区命令刷新：选中数据透视表内任意单元格，切换至"数据透视表分析"工具选项卡，单击"数据"功能组中的"刷新"按钮。

刷新整个工作簿中的数据透视表：选中数据透视表内任意单元格，切换至"数据透视表分析"工具选项卡，单击"数据"功能组中"刷新"下方的下拉按钮，在打开的下拉列表中选择"全部刷新"命令。

b. 自动刷新。数据透视表的自动刷新，并不是说可以像自动重算模式下的公式一样，在数据源发生变化时，透视表即刻自行更新，而是在每次打开该工作簿时都自动刷新数据。

选中数据透视表内任意单元格，右击，在打开的快捷菜单中选择"数据透视表选项"命令；或者选中数据透视表内任意单元格，切换至"数据透视表分析"工具选项卡，单击"数据透视表"功能组中的"选项"按钮。在打开的"数据透视表选项"对话框中，切换至"数据"选项卡，勾选"打开文件时刷新数据"复选框，单击"确定"按钮即可。

2）移动数据透视表。创建了数据透视表后，用户还可以根据需要将数据透视表移动至其他位置，可以是在同一工作簿中，也可以在不同的工作簿中。

a. 单击工作表中需要移动的数据透视表内任意单元格，切换至"数据透视表分析"选项卡，单击"操作"功能组中的"移动数据透视表"按钮。

b. 接着在打开的"移动数据透视表"对话框中，选中"现有工作表"单选按钮，单击"位置"右侧的折叠按钮，选择"目标"工作表的"目标"单元格，然后再次单击折叠按钮返回"移动数据透视表"对话框，单击"确定"按钮即可。

3）更改数据源。用户还可以根据需要调整数据透视表中的数据源范围。

a. 选中数据透视表中任意单元格，切换至"数据透视表分析"选项卡，单击"数据"功能组中的"更改数据源"按钮。

b. 接着在打开的"更改数据透视表数据源"对话框中，单击"表/区域"右侧的折叠按钮返回到工作表重新选择区域即可，也可以直接使用键盘输入需要引用的单元格区域。

（3）设置字段的汇总方式。

1）设置"值"区域的字段汇总方式。数值字段被拖拽到"值"区域后，系统默认的计算类型是求和或计数。当数据透视表所引用数据源的数值字段中没有空白单元格或文本时，系统默认的计算类型为求和；当所引用数据源的数值字段中有空白单元格或文本时，系统就会默认计算类型为计数。系统提供的汇总方式有"求和""计数""平均值""最大值"和"最小值"等，用户可以根据需要进行设置。

a. 选中需要修改汇总方式的值字段任意单元格，切换至"数据透视表分析"选项卡，单击"活动字段"功能组中的"字段设置"按钮，或者直接双击单元格中需要修改汇总方式的字段名称。

b. 接着在打开的"值字段设置"对话框中，在"值汇总方式"选项卡下方的"计算类型"区域选择需要的方式即可，如图3-55所示。

2）设置"行"区域的字段汇总方式。以上介绍的方法是对"值"区域中的字段的汇总方式进行修改，而且此方法只对所选中的值字段生效。用户也可以对"行"区域内的字段的分类汇总方式进行修改（当"行"区域内有2个以上字段时），此方法对所有的值字段生效。仍以图3-41中的数据为例，增加一列"日期"，填入相关数据，"行"区域增加日期，并把"日期"上移。

a. 选中"日期"字段任意单元格，切换至"数据透视表分析"选项卡，单击"活动字段"组中的"字段设置"按钮。

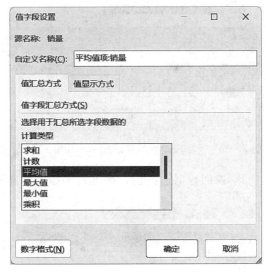

图3-55　"值字段设置"对话框——销量

b. 接着打开"字段设置"对话框，在"分类汇总和筛选"选项卡，选中"自定义"单选按钮，在"选择一个或多个函数"区域选择需要的函数，此处选择"求和"和"平均值"函数，如图3-56所示。然后单击"确定"按钮。

c. 返回数据透视表，即可看到"值"区域内字段的分类汇总方式为"求和"和"平均值"。

（4）增添计算字段。如果用户需要在数据透视表中添加一个崭新的字段，则可以通过在数据透视表引用的数据源中添加辅助列的方法来完成，也可以通过直接在数据透视表中插入计算字段来完成。此处介绍插入计算字段的方法。

1）若要求添加一个新字段"销售提成"，其计算条件为：销售额*10％。选中数据透视表内任意单元格，切换至"数据透视表分析"选项卡，单击"计算"功能组中的"字段、项目和集"下拉按钮，在下拉列表中选择"计算字段"命令。

2）接着打开"插入计算字段"对话框，在"名称"文本框中输入字段名称"销售提成"，在"公式"文本框中输入"＝销售额*10％"，在"字段"区域选择"销售额"，设置完毕后单击右侧的"添加"按钮，如图 3-57 所示。然后单击"确定"按钮。

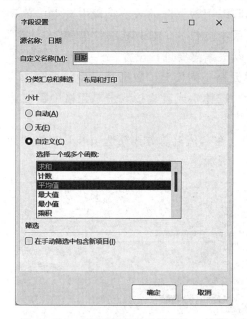

图 3-56　"字段设置"对话框——日期　　图 3-57　"插入计算字段"对话框——销售提成

3）返回数据透视表，即可看到插入的计算字段"销售提成"的结果。

类型	(全部)	
行标签	求和项:销量	求和项:销售额
爱普生扫描仪	13	0.01%
格力空调	3216	60.33%
海尔洗衣机	1245	5.25%
海信电视机	456	6.20%
华帝抽油烟机	239	2.24%
华为手机	436	6.13%
惠激光普打印机	344	1.45%
联想笔记本电脑	345	8.09%
美的智能风扇	321	0.30%
美菱电冰箱	999	9.37%
西门子智能洗碗机	25	0.62%
总计	7639	100.00%

图 3-58　数据透视表值显示方式结果

（5）值显示方式。数据透视表中值的显示方式默认和引用的数据源一致，用户也可以根据实际需要，将其设置为其他的显示方式。数据透视表中值的显示方式有"总计的百分比""列汇总的百分比""行汇总的百分比"等。如果需要更改值的显示方式，则选中需要修改值显示方式的字段中的任意单元格，右击，在打开的快捷菜单中，选择"值显示方式"命令，在打开的子菜单中选择需要的方式（如"总计的百分比"方式）即可，设置结果如图 3-58 所示。

5. 数据透视图

数据透视图是通过图表的形式，对数据透视表中的数据做出更直观、更形象的展示。

（1）创建数据透视图。创建数据透视图的方式分为两种：一种是根据数据源直接创建；另一种是根据数据透视表进行创建。但无论是哪种方式，都会插入数据透视表。仍以图 3-41 中的数据为例，介绍从数据透视表中插入数据透视图的方法。

1）在已经建好的数据透视表中，选中任一单元格，切换至"插入"选项卡，单击"图表"组中的"数据透视图"按钮；或者切换至"数据透视图分析"选项卡，单击"工具"功能组中的"数据透视图"按钮。

2）在打开的"插入图表"对话框中，选择合适的图表类型即可，例如，在左侧切换至"饼形图"选项卡，在右侧的列表中选择"三维饼图"，然后单击"确定"按钮。

3）返回数据透视表，即可看到插入"三维饼图"的效果。

（2）编辑数据透视图。在创建数据透视图后，如果用户想要对其更改类型、设置布局，都和插入的"图表"的操作相似，这里不再赘述。

四、操作步骤

1. 获得数据源

（1）产品数据表。小谢同学所在的生鲜批发商店有生鲜产品数据清单，如图 3-59 所示。并将商品名称列的"A2:A20"单元格区域数据内容导入"自定义序列"，以备后续排序时使用。

	A	B	C	D	E
1	商品名称	类别	单位	单价	进价
2	羊肉	肉类	千克	¥139.00	¥120.00
3	牛肉	肉类	千克	¥119.90	¥99.00
4	香蕉	农产品	千克	¥9.99	¥8.00
5	莴苣	农产品	千克	¥2.29	¥1.50
6	芹菜	农产品	千克	¥1.99	¥1.00
7	苹果	农产品	千克	¥5.99	¥3.00
8	南瓜	农产品	千克	¥2.99	¥2.00
9	蘑菇	农产品	千克	¥5.25	¥4.00
10	黄瓜	农产品	千克	¥2.29	¥1.50
11	番茄	农产品	千克	¥0.99	¥0.50
12	橙子	农产品	千克	¥2.99	¥2.00
13	酸奶油	奶制品	袋	¥29.90	¥19.00
14	酸奶	奶制品	瓶	¥99.90	¥79.00
15	牛奶	奶制品	升	¥39.90	¥30.00
16	奶酪	奶制品	千克	¥99.90	¥78.00
17	蛋类	奶制品	打	¥35.00	¥28.00
18	白干酪	奶制品	袋	¥88.89	¥80.00
19	青海龙羊峡野生三文鱼	海鲜	千克	¥189.90	¥150.00
20	阿拉斯加帝王蟹腿	海鲜	千克	¥599.00	¥499.00

图 3-59 生鲜产品数据清单

（2）商品销售表。小谢同学所在的生鲜批发商店有日商品销售表，根据前述需要对一周的数据进行汇总分析，小谢取得店长的许可，得到了 2024 年 7 月 1 日到 2024 年 7 月 7 日的日销售数据。2024 年 7 月 1 日的销售数据，以销售时间为序，如图 3-60 所示。其中，"单价"和"进价"都是"绝对引用""商品清单"中相应产品的价格数值。

	A	B	C	D	E	F	G	H
1	日期	商品名称	销售数量	单位	单价	进价	销售额	毛利润
2	2024/7/1 08:03:00	羊肉	235	千克	¥139.00	¥120.00	¥32,665.00	¥4,465.00
3	2024/7/1 08:33:18	阿拉斯加帝王蟹腿	66	千克	¥599.00	¥499.00	¥39,534.00	¥6,600.00
4	2024/7/1 09:03:01	牛肉	432	千克	¥119.90	¥99.00	¥51,796.80	¥9,028.80
5	2024/7/1 10:03:02	香蕉	345	千克	¥9.99	¥8.00	¥3,446.55	¥686.55
6	2024/7/1 11:03:03	莴苣	136	千克	¥2.29	¥1.50	¥311.44	¥107.44
7	2024/7/1 12:03:04	芹菜	459	千克	¥1.99	¥1.00	¥913.41	¥454.41
8	2024/7/1 14:03:06	南瓜	666	千克	¥2.99	¥2.00	¥1,991.34	¥659.34
9	2024/7/1 16:03:05	苹果	400	千克	¥5.99	¥3.00	¥2,396.00	¥1,196.00
10	2024/7/1 16:03:08	黄瓜	1234	千克	¥2.29	¥1.50	¥2,825.86	¥974.86
11	2024/7/1 16:36:10	橙子	134	千克	¥2.99	¥2.00	¥400.66	¥132.66
12	2024/7/1 17:03:01	牛肉	45	千克	¥119.90	¥99.00	¥5,395.50	¥940.50
13	2024/7/1 17:06:11	酸奶油	786	袋	¥29.90	¥19.00	¥23,501.40	¥8,567.40
14	2024/7/1 17:15:09	番茄	444	千克	¥0.99	¥0.50	¥439.56	¥217.56
15	2024/7/1 17:47:12	酸奶	677	瓶	¥99.90	¥79.00	¥67,632.30	¥14,149.30
16	2024/7/1 18:03:13	牛奶	453	升	¥39.90	¥30.00	¥18,074.70	¥4,484.70
17	2024/7/1 18:25:14	奶酪	245	千克	¥99.90	¥78.00	¥24,475.50	¥5,365.50
18	2024/7/1 19:03:07	蘑菇	578	千克	¥5.25	¥4.00	¥3,034.50	¥722.50
19	2024/7/1 20:03:16	白干酪	67	袋	¥88.89	¥80.00	¥5,955.63	¥595.63
20	2024/7/1 20:33:15	蛋类	56	打	¥35.00	¥28.00	¥1,960.00	¥392.00
21	2024/7/1 20:45:17	青海龙羊峡野生三文鱼	45	千克	¥189.90	¥150.00	¥8,545.50	¥1,795.50

图 3-60　"2024 年 7 月 1 日"工作表

资源 3-19
每天销售
数据统计
与分析

2. 每天销售数据统计与分析

（1）统计每种商品的"销售额"和"毛利润"。此处以 2024 年 7 月 1 日的销售数据为例，用"分类汇总"的功能来完成。

1）在"2024 年 7 月 1 日"工作表中，对"商品名称"列进行升序排序。

2）打开"分类汇总"对话框，设置"分类字段"为"商品名称"，"汇总方式"为"求和"，"选定汇总项"为"销售额"和"毛利润"。

3）单击"确定"按钮，即可统计出 2024 年 7 月 1 日每种商品的"销售额"和"毛利润"。

4）单击左上角的分级显示按钮"2"，隐藏分类汇总表中的明细数据行，操作结果如图 3-61 所示。

（2）找出每天"毛利润"最大的商品。在"2024 年 7 月 1 日"工作表中，将"毛利润"按降序排序，从而找到"毛利润"最大的商品。

3. 每周销售数据统计与分析

（1）每周数据的统计。此处将 7 天的销售数据进行求和统计，用"合并计算"功能来完成。

1）新建一工作表，命名为"7 月第 1 周汇总"。

2）在第一行输入"商品名称""销售数量""单位""单价""进价""销售额"

资源 3-20
每周销售
数据统计
与分析

	A	B	C	D	E	F	G	H
1	日期	商品名称	销售数量	单位	单价	进价	销售额	毛利润
3		阿拉斯加帝王蟹腿 汇总					¥39,534.00	¥6,600.00
5		白干酪 汇总					¥5,955.63	¥595.63
7		橙子 汇总					¥400.66	¥132.66
9		蛋类 汇总					¥1,960.00	¥392.00
11		番茄 汇总					¥439.56	¥217.56
13		黄瓜 汇总					¥2,825.86	¥974.86
15		蘑菇 汇总					¥3,034.50	¥722.50
17		奶酪 汇总					¥24,475.50	¥5,365.50
19		南瓜 汇总					¥1,991.34	¥659.34
21		牛奶 汇总					¥18,074.70	¥4,484.70
24		牛肉 汇总					¥57,192.30	¥9,969.30
26		苹果 汇总					¥2,396.00	¥1,196.00
28		芹菜 汇总					¥913.41	¥454.41
30		青海龙羊峡野生三文鱼 汇总					¥8,545.50	¥1,795.50
32		酸奶 汇总					¥67,632.30	¥14,149.30
34		酸奶油 汇总					¥23,501.40	¥8,567.40
36		莴苣 汇总					¥311.44	¥107.44
38		香蕉 汇总					¥3,446.55	¥686.55
40		羊肉 汇总					¥32,665.00	¥4,465.00
41		总计					¥295,295.65	¥61,535.65

图 3-61 按"商品名称"汇总"销售额"和"毛利润"

"毛利润"等字段名。

3）选中"A1"单元格，打开"合并计算"对话框，"函数"设置为"求和"，将"源数据"导入到"引用位置"，勾选"首行"和"最左列"复选框（因为源数据中，数据是按照日期时间排序的，商品名称不规则排序，所以用"按类别合并计算"），单击"确定"按钮，结果如图 3-62 所示。

	A	B	C	D	E	F	G
1	商品名称	销售数量	单位	单价	进价	销售额	毛利润
2	羊肉	1571		¥973.00	¥840.00	¥218,369.00	¥29,849.00
3	阿拉斯加帝王蟹腿	821		¥4,193.00	¥3,493.00	¥491,779.00	¥82,100.00
4	牛肉	4984		¥1,438.80	¥1,188.00	¥597,581.60	¥104,165.60
5	香蕉	3513		¥79.92	¥64.00	¥35,094.87	¥6,990.87
6	莴苣	1447		¥16.03	¥10.50	¥3,313.63	¥1,143.13
7	芹菜	7097		¥23.88	¥12.00	¥14,123.03	¥7,026.03
8	南瓜	14543		¥23.92	¥16.00	¥43,483.57	¥14,397.57
9	苹果	9706		¥59.90	¥30.00	¥58,138.94	¥29,020.94
10	黄瓜	8172		¥16.03	¥10.50	¥18,713.88	¥6,455.88
11	橙子	5844.5		¥23.92	¥16.00	¥17,475.06	¥5,786.06
12	酸奶油	5064		¥209.30	¥133.00	¥151,413.60	¥55,197.60
13	番茄	3021		¥6.93	¥3.50	¥2,990.79	¥1,480.29
14	酸奶	4064		¥699.30	¥553.00	¥405,993.60	¥84,937.60
15	牛奶	3380		¥279.30	¥210.00	¥134,862.00	¥33,462.00
16	奶酪	3229		¥699.30	¥546.00	¥322,577.10	¥70,715.10
17	蘑菇	5493		¥47.25	¥36.00	¥28,838.25	¥6,866.25
18	白干酪	2216		¥622.23	¥560.00	¥196,980.24	¥19,700.24
19	蛋类	904		¥245.00	¥196.00	¥31,640.00	¥6,328.00
20	青海龙羊峡野生三文鱼	2929		¥1,899.00	¥1,500.00	¥556,217.10	¥116,867.10

图 3-62 "合并计算"初始结果

4) 由于"单位""单价""进价"进行"求和计算"无实际意义，所以将这 3 列内容删除。

5) 在"商品名称"列按"自定义序列"排序。

6) 在"商品名称"后，"销售数量"前增加一列"类别"，将"商品清单"中的"类别"数据导入进来。生鲜批发店每周汇总表格结果如图 3-63 所示。

	商品名称	类别	销售数量	销售额	毛利润
1	商品名称	类别	销售数量	销售额	毛利润
2	羊肉	肉类	1571	¥218,369.00	¥29,849.00
3	牛肉	肉类	4984	¥597,581.60	¥104,165.60
4	香蕉	农产品	3513	¥35,094.87	¥6,990.87
5	莴苣	农产品	1447	¥3,313.63	¥1,143.13
6	芹菜	农产品	7097	¥14,123.03	¥7,026.03
7	苹果	农产品	9706	¥58,138.94	¥29,020.94
8	南瓜	农产品	14543	¥43,483.57	¥14,397.57
9	蘑菇	农产品	5493	¥28,838.25	¥6,866.25
10	黄瓜	农产品	8172	¥18,713.88	¥6,455.88
11	番茄	农产品	3021	¥2,990.79	¥1,480.29
12	橙子	农产品	5844.5	¥17,475.06	¥5,786.06
13	酸奶油	奶制品	5064	¥151,413.60	¥55,197.60
14	酸奶	奶制品	4064	¥405,993.60	¥84,937.60
15	牛奶	奶制品	3380	¥134,862.00	¥33,462.00
16	奶酪	奶制品	3229	¥322,577.10	¥70,715.10
17	蛋类	奶制品	904	¥31,640.00	¥6,328.00
18	白干酪	奶制品	2216	¥196,980.24	¥19,700.24
19	青海龙羊峡野生三文鱼	海鲜	2929	¥556,217.10	¥116,867.10
20	阿拉斯加帝王蟹腿	海鲜	821	¥491,779.00	¥82,100.00

图 3-63 生鲜批发店每周汇总表格结果

(2) 创建数据透视表。

1) 以图 3-63 中的数据为基础，在"现有工作表"中"H1"单元格开始，创建数据透视表，以"类别"为"筛选"，"商品名称"为"行标签"，"销售数量""销售额""毛利润"为"值"。

2) 再将"销售数量""销售额"和"毛利润"的"值显示方式"设置为"总计的百分比"，并对表格进行适当的美化，最终结果如图 3-64 所示。

(3) 创建数据透视图

1) 选中图 3-64 中的数据透视表的任一单元格，切换至"数据透视表分析"选项卡，单击"工具"功能组中的"数据透视图"按钮，打开"插入图表"对话框。

2) 在"插入图表"对话框中，"所有图表"设置为"组合图"，"为您的数据系列选择图表类型和轴"和"图表类型"设置为"簇状柱形图"，"销售数量"和"销售额"设置为"次坐标轴"，也就是说"毛利润"为"主坐标轴"。单击"确定"按钮即可插入数据透视图，如图 3-65 所示。

从图中可以明显看出，海鲜产品的"销售数量"占比不大，但"毛利润"贡献率较大；农产品的"销售数量"占比较大，但"毛利润"贡献率较小。因此，生鲜批发店可根据实际情况设计营销策略。

	H	I	J	K
1	类别	(全部)		
2				
3	行标签	求和项:销售数量	求和项:销售额	求和项:毛利润
4	羊肉	1.79%	6.56%	4.37%
5	牛肉	5.66%	17.95%	15.26%
6	香蕉	3.99%	1.05%	1.02%
7	莴苣	1.64%	0.10%	0.17%
8	芹菜	8.06%	0.42%	1.03%
9	苹果	11.03%	1.75%	4.25%
10	南瓜	16.53%	1.31%	2.11%
11	蘑菇	6.24%	0.87%	1.01%
12	黄瓜	9.29%	0.56%	0.95%
13	番茄	3.43%	0.09%	0.22%
14	橙子	6.64%	0.52%	0.85%
15	酸奶油	5.75%	4.55%	8.09%
16	酸奶	4.62%	12.19%	12.45%
17	牛奶	3.84%	4.05%	4.90%
18	奶酪	3.67%	9.69%	10.36%
19	蛋类	1.03%	0.95%	0.93%
20	白干酪	2.52%	5.92%	2.89%
21	青海龙羊峡野生三文鱼	3.33%	16.71%	17.12%
22	阿拉斯加帝王蟹腿	0.93%	14.77%	12.03%
23	总计	100.00%	100.00%	100.00%

图 3-64　生鲜批发店数据透视表最终结果

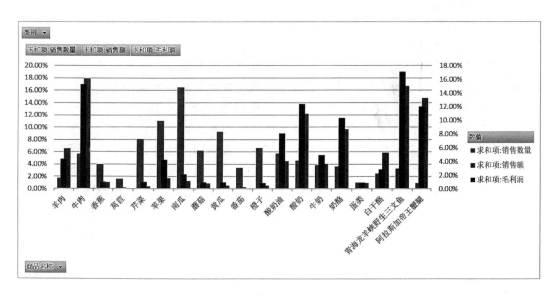

图 3-65　生鲜批发店数据透视图最终结果

五、实例总结

本案例重点应用 Excel 的相对引用和绝对引用、排序、分类汇总、合并计算、数据透视表、数据透视图对生鲜海鲜批发店的销售数据进行统计分析。因此，在日常生活和工作中，我们要善于运用 Excel，勤于思考，进一步挖掘 Excel 的功能，不断提高办公效率和解决实际问题的能力。

第四节 变 量 求 解

一、实例导读

变量求解问题，也就是数学上的方程问题，是学习中经常遇到的问题。一元低次幂方程求解，还相对简单，但是对于高次幂就相对复杂，如果是多元方程求解就更加烦琐。我们在日常学习中可能会遇到很多变量求解问题，Excel 具有解决此类问题的强大功能。

二、实例分析

小尹是某大学经济管理相关专业的大学生，本学期正在学习"工程经济学"和"运筹学"课程。"工程经济学"中有关于货币时间价值的相关计算问题；"运筹学"中有线性规划的相关计算问题。每类题的计算过程相当复杂，他还经常算错，弄得他有点不知所措。他在上学期学习"办公自动化"课程时，听老师说 Excel 有强大的运算功能，便去咨询老师。老师便跟他讲了 Excel 的单变量求解和规划求解功能，并讲了与货币时间价值有关的函数，小尹茅塞顿开。他将两门课程的几个习题用 Excel 的相关功能进行计算，确实变得简单不少。

三、技术要点

变量求解需要用到以下技术要点和功能。

1. 单变量求解

单变量求解是指对某个问题按公式计算所得结果做出假设，推测公式中形成结果的一系列变量可能发生的变化。单变量求解相当于数学上的求解反函数，但当变量之间的依赖关系较复杂时，构造反函数的工程往往相当困难。此时，若利用 Excel 的单变量求解功能便能轻松化解。使用单变量求解功能的方法如下：切换至"数据"选项卡，选择"预测"功能组中的"模拟分析"下拉列表中的"单变量求解"命令，打开"单变量求解"对话框，如图 3-66 所示，在其中进行相关设置，即可求出变量的解。

图 3-66 "单变量求解"对话框

在默认情况下，"单变量求解"命令在它执行 100 次求解与指定目标值的差在 0.001 之内时停止计算。如果不需要这么高的精度，可以切换至"文件"选项卡，单击"选项"按钮，打开"Excel 选项"对话框，选择左侧的"公式"选项，在右侧的"计算选项"区域修改"最多迭代次数"和"最大误差"文本框中的值，如图 3-67 所示。

2. 规划求解

（1）规划求解的含义。规划求解是指在一定的限制条件下，利用数学方法进行运算，使对前景的规划达到最优的方法。它是现代管理科学的一种重要手段，是运筹学的一个分支。规划求解的应用非常广泛，工农业生产、交通运输、财贸金融及决策分

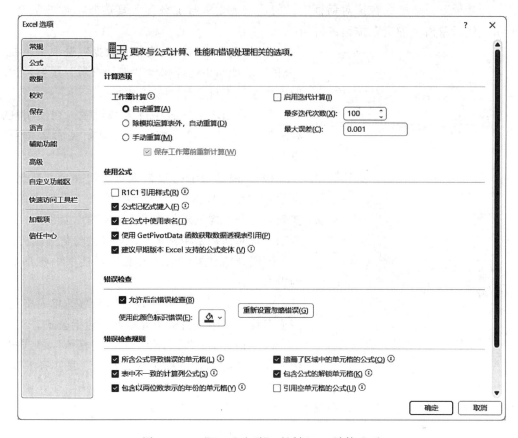

图 3-67 "Excel 选项"对话框——计算选项

析等领域均可使用。

规划求解主要解决两类问题：一类是确定了某个任务，研究如何使用最少的人力、物力和财力去完成它；另一类是已经有了一定数量的人力、物力和财力，研究如何使它们获得最大的利益。规划问题有如下共同特点：

1）决策变量：每个规划问题都有一组需要求解的未知数（x_1，x_2，…，x_n），称为决策变量。一组决策变量的一组确定值就代表一个具体的规划方案。

2）约束条件：对于规划问题的决策变量通常都有一定的限制条件，称为约束条件。约束条件可以用与决策变量有关的不等式或等式表示。

3）目标函数：每个问题都有一个明确的目标，如利润最大或成本最小。目标通常可用与决策变量有关的函数表示。

规划求解的首要问题是将实际问题数学化、模型化，即将实际问题通过一组决策变量、一组用不等式或等式表示的约束条件及目标函数来表示。

（2）加载规划求解。在 Excel 中，规划求解工具并不作为命令显示在选项卡中，如果要使用规划求解工具，则必须另行加载。加载规划求解工具的操作步骤如下：

1）切换至"文件"选项卡，单击"选项"按钮，打开"Excel 选项"对话框。

2）在该对话框中，选择左侧的"加载项"选项，在右侧单击"转到"按钮，打

资源 3-21
加载规划
求解

117

开"加载项"对话框。在该对话框中，勾选"规划求解加载项"复选框，如图 3 - 68 所示。然后单击"确定"按钮进行加载。

图 3 - 68 "加载项"对话框

3）加载完毕后，切换至"数据"选项卡，在"分析"功能组中已经包含"规划求解"按钮，说明规划求解工具已经加载成功。

（3）规划求解流程中的参数设置。在使用规划求解工具解决问题前，需要对相关参数进行设置。

1）一般流程中的参数设置。切换至"数据"选项卡，在"分析"功能组中单击"规划求解"按钮，打开"规划求解参数"对话框，如图 3 - 69 所示。该对话框是用来描述 Excel 的优化问题的。

下面介绍"规划求解参数"对话框中各参数的设置。

a. 设置目标：在此输入目标函数的单元格引用或名称，其中，目标单元格必须包括公式。

b. "最大值""最小值"和"目标值"单选按钮：在此确定希望目标函数是最大、最小还是某一特定的值。若选中"目标值"单选按钮，则可在右侧的文本框中输入该值，规划求解将使目标函数等于该数值。

图 3 - 69 "规划求解参数"对话框

c. 通过更改可变单元格：在此确定决策变量的单元格的名称或引用，用逗号分隔不相邻的引用。可变单元格必须直接或间接与目标单元格有关。

d. 遵守约束：在此输入"规划求解"的所有约束条件。其中，单击"添加"按钮可进入图 3-70（a）"添加约束"对话框，在此可添加约束条件；选择已有的约束条件后，单击"更改"按钮，进入 3-70（b）"改变约束"对话框，在此可以更改约束条件；选择已有的约束条件后，单击"删除"按钮可删除选择的约束条件。

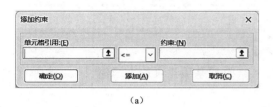
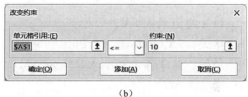

（a）　　　　　　　　　　（b）

图 3-70　添加或更改约束条件

e. 求解：单击"求解"按钮可对描述的问题进行求解。

f. 关闭：单击"关闭"按钮可关闭对话框，但保留通过"选项""添加""更改""删除"所进行的设置。

2）其他设置。在规划求解的一般流程中，各项操作都是按默认设置运行的，默认设置能够应用于一般小型规划求解问题。若遇到比较复杂的规划求解问题，就需要重新设置各项要求。单击图 3-69"选项"按钮，打开"选项"对话框，如图 3-71 所示。用户可以根据需要对"选项"对话框中的不同参数进行设置。下面介绍各主要参数的功能。

a. 约束精确度：此选项的默认值为 0.000001，若要达到更高的求解精度。可在此框中输入要求的数值，使约束条件的数值能够满足目标值或其上、下限。其中，精度必须以小数表示，小数位数越多，达到的精度越高，但求解花费的时间就长。

b. 使用自动缩放：当输入和输出的数值相差很大时，例如，求投资上亿元的盈利百分数，可选中此复选框，以放大求解结果。

c. 整数最优解：此选项只适用于有整数约束条件的整数规划，指满足整数约束条件的目标单元格求解结果与最佳结果之间可以允许的偏差。若要改变默认值，可根据需要输入适当的百分数。允许误差越大，求解时间越短。

图 3-71　"选项"对话框

d. 最大时间：设置的是求解所花费的时间。可以根据实际问题的复杂程度、可变单元格、约束条件的多少，以及所选其他选项的数目输入适当的运算时间。

e. 迭代次数：设置的是求解过程中迭代变量的次数。最大时间和迭代次数设置完毕后，若运算过程中尚未找到计算结果就已达到设定的运算时间和迭代次数，用户可以选择继续运行，通过更改运算时间和迭代次数，继续求解；也可选择停止运行，在未完成求解过程的情况下显示规划求解的结果。

3. 应用的函数

（1）终值函数 FV。

格式：FV(Rate,Nper,Pmt,[Pv],[Type])。

功能：基于固定利率和等额分期付款方式，返回某项投资的未来值。

参数说明：

Rate：各期的固定利率。

Nper：总的投资期，即付款或者收款的总期数。

Pmt：在总投资期内的各期的等额的收付款项。

Pv（可选）：现值，是投资期初始时的款项金额。如果省略，其值为 0，也就是期初投入为 0。

Type（可选）：表示类型，是指各期的收付款时间是在相应期数的期初或者期末，以数字 0 或 1 表示。数字 0 时表示是期末；数字 1 时表示是期初；如果省略 Type 就是默认为 0。

（2）现值函数 PV。

格式：PV(Rate,Nper,Pmt,[Fv],[Type])。

功能：返回某项投资的一系列将来偿还额的当前总值（或一次性偿还的现值）。

参数说明：

Rate：各期的固定利率。

Nper：总的投资期，即付款或者收款的总期数。

Pmt：在总投资期内的各期的等额的收付款项。

Fv（可选）：终值、未来值，是投资期结束时的款项金额。如果省略，其值为 0，也就是投资结束时的款项金额为 0。

Type（可选）：与终值函数 FV 中参数意义相同。

（3）PMT 函数。

格式：PMT(Rate,Nper,Pv,[Fv],[Type])。

功能：计算在固定利率下，贷款的等额分期偿还额。

参数说明：

Rate：各期的固定利率。

Nper：总的投资期，即付款或者收款的总期数。

Pv：现值或一系列未来付款的当前值的累计和。

Fv（可选）：未来值，是在最后一次付款后希望得到的现金金额。如果省略，其值为 0，也就是一笔贷款的未来值为 0。

Type（可选）：与终值函数 FV 中参数意义相同。

（4）净现值函数 NPV。

格式：NPV(Rate,Value1,[Value2],…)。

功能：基于一系列将来的收（正值）支（负值）现金流和一贴现率，返回一项投资的净现值。

参数说明：

Rate：一期的整个阶段的贴现率。

Value1：表示现金流的第 1 个参数。

Value2，…（可选）：表示现金流的第 2～254 个参数。

能用于货币时间价值计算的函数还有 PPMT、RATE、NPER、IRR，此处不再一一列举。

（5）SUMPRODUCT 函数。

格式：SUMPRODUCT(Array1,[Array2],…)。

功能：返回相应的数组或区域乘积的和。即 SUMPRODUCT 函数先对各组数字中对应的数字进行乘法运算，然后再对乘积进行求和。

参数说明：

Array1：表示要参与计算的第 1 个数组。如果只有一个参数，那么 SUMPRODUCT 函数直接返回该参数中的各元素之和。

Array2，…（可选）：表示要参与计算的第 2～255 个数组。

四、操作步骤

小尹同学遇到的问题分别是"工程经济学"的货币时间价值和"运筹学"的线性规划问题。利用 Excel 来解决这两种问题的具体操作方法如下。

1. 货币时间价值问题

（1）问题描述。某建筑公司以 20 万元的价格购进一台打桩设备，第 10 年末的残值为 10 万元。若利率为 10%，则打桩设备的平均年成本（折旧值）为多少？

（2）问题分析。根据题意，可以绘制出现金流量图，如图 3-72 所示。

（3）建立模型表。

1）新建一个工作簿并命名为"单变量求解"，将 Sheet1 命名为"净现值函数计算折旧值"。

2）空一行，在"A2"单元格中输入"期末"，"B2"单元格中输入"净现金流量"，"C2"单元格中输入"利率"，"D2"单元格中输入"目标单元格"，"E2"单元格中输入"可变单元格"。

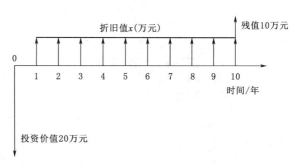

图 3-72 现金流量图

3）在"A3：A13"单元格中，依次输入"0，1，2，3，4，5，6，7，8，9，10"，在"B3"单元格中输入"-200000"，在"B4：B12"单元格中依次输入"＝＄E＄3"，

在 "B13" 单元格中输入 "＝＄E＄3＋100000"，在 "C3" 单元格中输入 "10％"，在 "D3" 单元格中输入 "＝NPV(C3,B4:B13)＋B3"，NPV 函数参数如图 3-73 所示。注意，"E3" 单元格中还没有计算，所以出现 "0" 值。

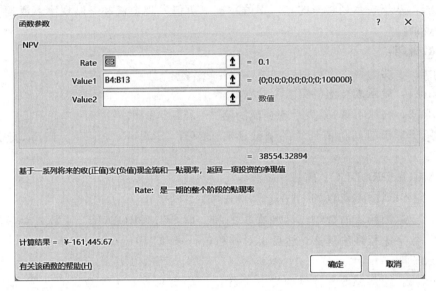

图 3-73 NPV 函数参数

4) 合并 "A1:E1" 单元格并居中，输入 "折旧值计算模型"，并对整个表格进行美化。"D3" 单元格中出现负数，是因为 NPV 函数已经执行了计算，但是可变单元格 "E3" 按 "0" 计算的。

（4）执行单变量求解。

1) 选中 "D3" 单元格，执行 "单变量求解" 命令，打开 "单变量求解" 对话框，目标单元格选中 "D3"，目标值输入 "0"，可变单元格选中 "＄E＄3"。根据前述 "D3" 单元格中输入 "＝NPV(C3,B4:B13)＋B3"，即用 10 年的折旧值现值与残值的现值和抵销期初设备的投入值，因此，目标值为 "0"。换句话说，总净现值为 "0"。

2) 单击 "确定" 按钮，即可得出折旧值计算结果，如图 3-74 所示，即每年的折旧值为 26274.54 元。

2. 线性规划问题

（1）问题描述。某工厂要制订生产计划，已知该工厂有甲、乙两处加工中心：甲用来生产适销产品 A，每生产 1 吨产品 A 需要工时 3 小时，用电量 4 千瓦，原材料 9 吨，可以得到利润 200 万元；乙用来生产适销产品 B，每生产 1 吨产品 B 需要工

	A	B	C	D	E
1	折旧值计算模型				
2	期末	净现金流量	利率	目标单元格	可变单元格
3	0	¥-200,000.00	10%	¥0.00	¥26,274.54
4	1	¥26,274.54			
5	2	¥26,274.54			
6	3	¥26,274.54			
7	4	¥26,274.54			
8	5	¥26,274.54			
9	6	¥26,274.54			
10	7	¥26,274.54			
11	8	¥26,274.54			
12	9	¥26,274.54			
13	10	¥126,274.54			

图 3-74 折旧值计算结果

时 7 小时，用电量 6 千瓦，原材料 5 吨，可以得到利润 210 万元。现厂房可提供的总工时为 300 小时，电量为 250 千瓦，原材料为 420 吨。问如何分配两种产品的生产量才能使利润最大化？

（2）问题分析。这是典型的线性规划问题，可以利用 Excel 的规划求解功能来计算。根据实际情况确定决策变量、约束条件和目标函数。

1）决策变量。这个问题的决策变量有两个：产品 A 的生产量 x_1 和产品 B 的生产量 x_2。

2）约束条件。

生产量不能为负数：$x_1 \geqslant 0$，$x_2 \geqslant 0$。

总工时不能超过 300 小时：$3x_1 + 7x_2 \leqslant 300$。

总电量不能超过 250 千瓦：$4x_1 + 6x_2 \leqslant 250$。

原材料不能超过 420 吨：$9x_1 + 5x_2 \leqslant 420$。

3）目标函数。利润最大化：$P_{\max} = 200x_1 + 210x_2$。

（3）建立模型表。

1）新建一个工作簿并命名为"规划求解"，将 Sheet1 命名为"生产计划"。

2）空一行，在"A2"单元格中输入"产品类别"，"B2"单元格中输入"产品 A"，"C2"单元格中输入"产品 B"，"A3"单元格中输入"利润（万元/吨）"，"B3"单元格中输入"200"，"C3"单元格中输入"210"，"A4"单元格中输入"约束条件"，"D4"单元格中输入"使用量"，"F4"单元格中输入"可提供量"，"A5"单元格中输入"总工时（小时/吨）"，"B5"单元格中输入"3"，"C5"单元格中输入"7"，"E5：E7"单元格中输入"≤"，"F5"单元格中输入"300"，"A6"单元格中输入"总电量（千瓦/吨）"，"B6"单元格中输入"4"，"C6"单元格中输入"6"，"F6"单元格中输入"250"，"A7"单元格中输入"原材料（吨）"，"B7"单元格中输入"9"，"C7"单元格中输入"5"，"F7"单元格中输入"420"，"A9"单元格中输入"决策变量符号"，"B9"单元格中输入"X1"，"C9"单元格中输入"X2"，"E9"单元格中输入"总利润（目标值）"，"A10"单元格中输入"产量（吨）"，"F10"单元格中输入"万元"，"B11：C11"单元格中输入"≥"，"A12"单元格中输入"非负约束"，"B12：C12"单元格中输入"0"。

3）引入 SUMPRODUCT 函数，在"D5"单元格中输入"= SUMPRODUCT(B5：C5,B10：C10)"，"D6"单元格中输入"= SUMPRODUCT(B6：C6,B10：C10)"，"D7"单元格中输入"= SUMPRODUCT(B7：C7,B10：C10)"，"E10"单元格中输入"= SUMPRODUCT(B3：C3,B10：C10)"。

4）将"B10：C10""D5：D7""E10"单元格区域数字格式设置为"数值，保留 2 位小数"，将"A1：F1"单元格区域合并并居中，输入"生产计划线性规划问题求解模型"，并将部分区域加上边框和底纹。注意观察 SUMPRODUCT 函数的使用，"B10：C10"单元格是未知数可变量，以目标值"E10"单元格为例，"B3：C3"和"B10：C10"单元格区域的量对应乘积再求和，即目标函数。由于可变单元格未赋值，所以使用量和目标值显示为"0"。

(4) 执行规划求解。

1) 选中“E10”单元格，执行“规划求解”命令，打开“规划求解参数”对话框，目标单元格选择“$E$10”，选中“最大值”单选按钮，通过“更改可变单元格”选择“$B$10:$C$10”，遵守约束设置“$B$10:$C$10>=$B$12:$C$12”，即非负约束；“$D$5:$D$7<=$F$5:$F$7”，即可提供量约束。

2) 单击“求解”按钮，即可得出规划求解结果，如图3-75所示。其中，总利润可以达到10991.18万元，产品A生产37.35吨，产品B生产16.76吨，可用电量和原材料刚好用完，总工时符合要求，只用了229.41时。

	A	B	C	D	E	F
1	生产计划线性规划问题求解模型					
2	产品类别	产品A	产品B			
3	利润（万元/吨）	200	210			
4	约束条件			使用量		可提供量
5	总工时（小时/吨）	3	7	229.41	≤	300
6	总电量（千瓦/吨）	4	6	250.00	≤	250
7	原材料（吨）	9	5	420.00	≤	420
8						
9	决策变量符号	X1	X2		总利润（目标值）	
10	产量（吨）	37.35	16.76		10991.18	万元
11		≥	≥			
12	非负约束	0	0			

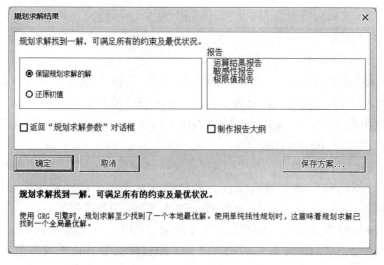

图3-75 生产计划规划求解结果

(5) 计算结果报告分析。

1) 系统在给出规划求解结果的同时会弹出一个“规划求解结果”对话框。通过该对话框可以自动生成有关的“运算结果报告”“敏感性报告”“极限值报告”，如图3-76所示。用户可以根据需要选择需要建立的结果分析报告，单击“确定”按钮后Excel将在独立的工作表中自动建立有关报告。

图3-76 “规划求解结果”对话框——生产计划

2）在图 3－76 中，选择"运算结果报告"选项，单击"确定"按钮后得到的报告如图 3－77 所示。

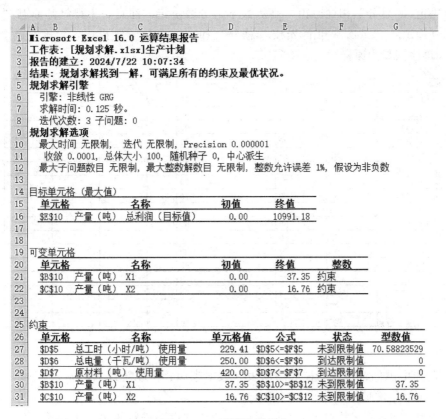

图 3－77　运算结果报告

五、实例总结

货币时间价值和线性规划问题是"工程经济学"和"运筹学"课程中常见问题。本节运用 NPV、SUMPRODUCT 等函数及单变量求解、规划求解等模拟分析工具，实例演示了折旧值和生产计划的计算过程，详细说明了 Excel 在复杂业务中强大计算功能。在学习过程中要善于归纳这些 Excel 函数的使用方法，总结其应用规律和应用环境等，让 Excel 能够发挥更大的作用。

操　作　题

1. Excel 常用计算方法练习。具体要求如下：

（1）按照图 3－78 所示，在 Excel 中创建一个用于统计学生成绩的表格。

（2）使用自动求和函数 SUM 计算"总分"一列的数据。

（3）使用算术平均值计算函数 AVERRAGE 计算"平均分"一列的数据，保留 1 位小数。

（4）使用公式计算"综合分"一列的数据，并保留 1 位小数。计算方法为：高等

资源 3－22
操作题

125

数学×60％＋线性代数×20％＋概率论与数理统计×20％。

（5）利用 Excel 的排序功能填写"名次"一列的数据。要求"名次"由"总分"的高低决定，"总分"相同时由"高等数学"分数决定。注意，不得打乱原有"序号"的排列（提示："名次"可首先按"总分"和"高等数学"排序，填充名次，再按"序号"排序恢复为原样）。

序号	姓名	高等数学	线性代数	概率论与数理统计	总分	平均分	综合分	名次
1	赵阳	78	97	89				
2	钱月	79	95	89				
3	孙星	87	89	90				
4	李淼	92	89	87				
5	周森	87	88	89				
6	吴焱	86	94	95				
7	郑垚	76	78	79				
8	王鑫	67	69	78				
9	冯晶	56	61	69				
10	陈昌	55	65	67				
11	褚朋	53	69	76				
12	卫国	96	97	90				
13	卢方	87	78	89				
14	韩彰	77	78	78				
15	徐庆	67	78	72				
16	蒋平	86	85	79				
17	白玉堂	90	92	94				

图 3-78　学生成绩登记表

2. 制作中国创新指数的柱形图图表（数据来源：国家统计局网站，《2022 年中国创新指数比上年增长 5.9％》）。

3. 利用 RANK 函数对世界 500 强公司的"利润"进行排名（数据来源：2023 年《财富》世界 500 强排行榜）。

4. Excel 高级筛选和数据透视表练习。要求如下：

（1）现有图 3-79 手机销售数据表，请根据以下要求进行高级筛选。

品牌	产品名称	单价	进货数量	销售数量	合计
华为	HUAWEI Pura 70	¥6,499.00	20	10	64990
荣耀	荣耀90 GT	¥2,060.00	25	15	30900
华为	HUAWEIMate 60 Pro	¥6,799.00	16	8	54392
vivo	X100 Ultra	¥6,499.00	20	11	71489
荣耀	荣耀X50 GT	¥2,199.00	27	13	28587
华为	nova 12	¥2,899.00	28	16	46384
荣耀	荣耀Magic6 Pro	¥5,135.00	25	14	71890
vivo	vivo S19	¥2,499.00	20	12	29988
小米	Redmi K70	¥2,599.00	18	15	38985
OPPO	K11	¥1,899.00	30	21	39879
小米	MIX Fold 4	¥9,999.00	40	16	159984
OPPO	Find X7	¥3,999.00	21	15	59985
小米	RedmiTurbo3	¥1,580.00	35	17	26860
华为	畅享50z	¥899.00	60	20	17980
荣耀	畅玩20	¥469.00	24	14	6566

图 3-79　手机销售数据表

1）筛选"华为"品牌销售数量大于 18，以及"荣耀"品牌销售数量大于 10 但小于 15 的记录，并将筛选结果显示在"H8"开始的单元格区域中。

　　2）筛选"进货数量"与"销售数量"之差大于 10 的销售记录，并将筛选结果显示在"H18"开始的单元格区域中。

　　（2）针对上述数据表，请根据以下要求创建数据透视表。

　　1）以"品牌"为"筛选"，"产品名称"为"行标签"，"销售数量（计数项）"和"合计（求和项）"为"值"创建数据透视表。

　　2）将数据透视表中汇总列"值的显示方式"设置为"总计的百分比"。

　　5. 已知目前的总金额为 20000 元，5 年后金额总数为 25000 元，年利率是多少？

　　6. 某厂拟生产甲、乙两种适销产品，每件利润分别为 3 万元、5 万元。甲、乙产品的部件各自在 A、B 两个车间分别生产，每件甲、乙产品的部件分别需要 A、B 车间的生产能力 1 工时、2 工时；两种产品的部件最后都要在 C 车间装配，装配每件甲、乙产品分别需要 3 工时、4 工时。A、B、C 三个车间每天可用于生产这两种产品的工时分别为 8、12、36，应如何安排生产这两种产品才能获利最多？

实验三

第四章 Microsoft PowerPoint 应用

Microsoft PowerPoint 是 Microsoft 公司开发的办公套件 Office 的重要组成部分，是一个专门用于制作演示文稿的软件。它集文字、表格、公式、图表、图片、声音、视频、SmartArt 图形、艺术字等多种媒体元素于一身，配合版式、母版、主题模板、超链接、动画设置、幻灯片切换、幻灯片放映等丰富便捷的编辑技术，将用户所表达的信息以图文并茂的形式展示出来，从而达到最佳的演示效果。它在日常工作、会议、课程培训和教学中应用广泛。本章讲解的内容基于 PowerPoint 2021，PowerPoint 2021 是较新版本的演示文稿制作软件，用户可以用它快速创建极具感染力的动态演示文稿，同时集成更为安全的工作流和方法以轻松共享这些信息。本章所讲的内容和功能仍适用于 PowerPoint 以前的经典版本，例如 PowerPoint 2019、PowerPoint 2016 等。

其他的演示文稿制作软件还有 Google Slides、Apple Keynote、金山 WPS 演示和腾讯幻灯片等。

第一节　PowerPoint 设计

一、PowerPoint 版式

幻灯片版式包含要在幻灯片上显示的全部内容的格式设置、位置和占位符。PowerPoint 中包含标题幻灯片、标题和内容、节标题、两栏内容、比较、仅标题、空白、内容与标题、图片与标题、标题和竖排文字、竖排标题与文本 11 种内置幻灯片版式，如图 4-1 所示。制作幻灯片前，先思考幻灯片内容的排版方式，然后根据排版构思，合理安排版式，可以加快制作进度，提高效率。

1. 使用幻灯片版式

在幻灯片中使用幻灯片版式的具体操作步骤如下：

（1）新建幻灯片。单击"开始"按钮，在全部应用里，选择启动 PowerPoint，然后单击"空白演示文稿"按钮，创建空白幻灯片。

（2）选择幻灯片版式。在"开始"选项卡的"幻灯片"功能组中，单击"新建幻灯片"下拉按钮。在弹出的"Office 主题"下拉菜单中选择一个新建的幻灯片版式，如图 4-1 所示。此处选择"标题和内容"幻灯片。此时，即可在演示文稿中创建一个含有标题和内容占位符的幻灯片。

（3）更改幻灯片版式。选中第 2 张幻灯片，并在"开始"选项卡的"幻灯片"功能组单击"版式"下拉按钮，在弹出的下拉菜单中选择"内容与标题"选项。此时，即可将该幻灯片的"标题与内容"版式更改为"内容与标题"版式。

2. 重置幻灯片版式

重置幻灯片版式，可以恢复到最近一次的默认版式，其操作步骤如下：

（1）打开相应的演示文稿，在幻灯片列表中，选中想要重置的幻灯片。

（2）在"开始"选项卡中，找到"幻灯片"功能组，单击"重置"按钮，或者右击幻灯片的缩略图，选择"重设幻灯片"命令。

这样，幻灯片就会恢复到默认的版式和占位符设置，可以重新插入和编辑内容。如果不希望重置，可以撤销操作。

二、PowerPoint 主题

演示文稿主题是为不同类型演示文稿的内置的主题模板，其中包括演示文稿中

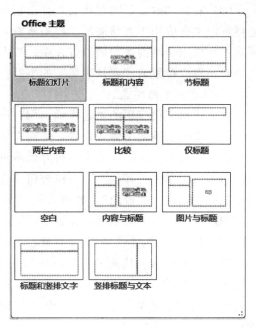

图 4-1 PowerPoint 提供的内置版式

的字体、颜色、背景等格式。用户在设置演示文稿时，可以根据自身的需要选择主题，从而为演示文稿中的幻灯片设置统一的效果。

1. 应用内置的主题

应用主题样式的操作方法如下：

（1）打开已有的演示文稿，选择"设计"选项卡，在"主题"功能组中单击"其他|▽|"下拉按钮。

（2）在展开的所有主题列表中，选择准备应用的主题样式，这里选择"水滴"主题样式，如图 4-2 所示。

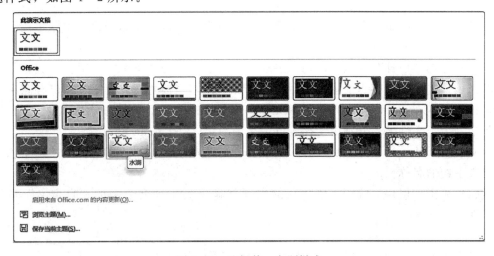

图 4-2 选择某一主题样式

（3）右击"水滴"主题样式，弹出快捷菜单。其中，"应用于所有幻灯片"命令是将所选主题应用于当前演示文稿的所有幻灯片中；"应用于选定幻灯片"命令是将所选主题应用于当前选定的幻灯片中；"设置为默认主题"命令是在下次打开新演示文稿时，将以设置为"默认主题"的主题打开。

2. 自定义主题样式

对于演示文稿应用的主题样式，用户还可以对其进行自定义设置，例如更改主题的颜色、更改主题的字体效果等，下面将详细介绍自定义主题样式的操作方法。

（1）自定义"颜色"方案。打开已有的演示文稿，选择"设计"选项卡，在"变体"功能组中单击"其他|▾|"下拉按钮，在下拉列表中选择"颜色"选项，即可选择内置颜色，如选择"橙色"，如图 4-3（a）所示。也可选择"自定义颜色"命令，弹出"新建主题颜色"对话框，在该对话框中进行设置。

（2）自定义"字体"方案。打开已有的演示文稿，选择"设计"选项卡，在"变体"功能组中单击"其他|▾|"下拉按钮，在下拉列表中选择"字体"选项，即可选择内置字体样式，如选择"Arial-黑体-黑体"字体样式，如图 4-3（b）所示。也可选择"自定义字体"命令，弹出"新建主题字体"对话框，在该对话框中进行设置。

（3）自定义"效果"方案。打开已有的演示文稿，选择"设计"选项卡，在"变体"功能组中单击"其他|▾|"下拉按钮，在下拉列表中选择"效果"选项，即可选择内置效果，如选择"锈迹纹理"效果，如图 4-3（c）所示。

（4）自定义"背景格式"方案。打开已有的演示文稿，选择"设计"选项卡，在"变体"功能组中单击"其他|▾|"下拉按钮，在下拉列表中选择"背景格式"选项，即可选择内置背景格式，如选择"样式 2"背景格式，如图 4-3（d）所示。也可选择"设置背景格式"命令，弹出"设置背景格式"窗格，在该对话框中进行设置。另外，也可在"自定义"功能组，单击"设置背景格式"按钮进行设置，这一部分将在后面详细讲述。

3. 保存自定义主题

（1）对当前演示文稿所应用的主题进行任何修改，包括主题颜色、主题字体和主题效果上的改变。

（2）选择"设计"选项卡，在"主题"功能组中单击"其他|▾|"下拉按钮，打开主题列表，选择"保存当前主题"命令，打开"保存当前主题"对话框，保存路径自动定位到"Document Themes"文件夹中，该文件夹专门用于存放 Office 主题，其中还包括 3 个子文件夹，分别用于存放自定义主题字体（Theme Fonts）、自定义主题颜色（Theme Colors）、自定义主题效果（Theme Effects）。在"文件名"文本框中输入自定义主题的名称。

（3）单击"保存"按钮，创建新的主题将显示到主题列表中的"自定义"类别下，如图 4-4 所示。

4. 删除自定义主题

对于不再需要的自定义主题，应该及时将其删除，方法如下：

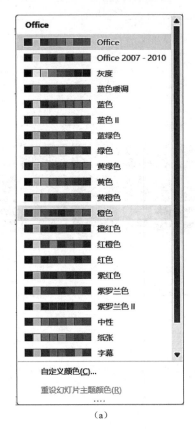

(a)

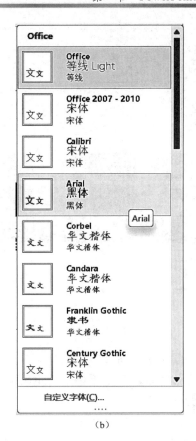

(b)

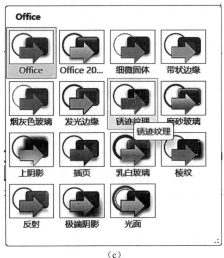

(c)

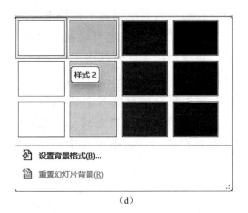

(d)

图 4-3 自定义主题方案

（1）选择"设计"选项卡，在"主题"功能组中单击"其他⇂"下拉按钮，打开主题列表，右击要删除的自定义主题，在弹出的快捷菜单中选择"删除"命令。

（2）弹出"是否删除此主题?"对话框，单击"是"按钮，即可删除自定义的主题。

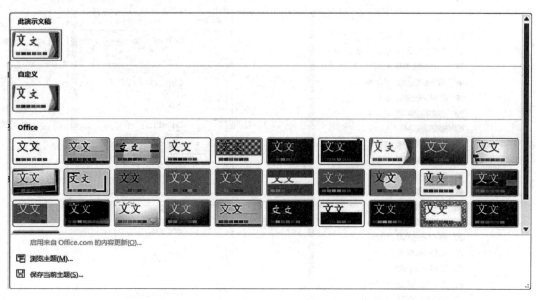

图 4-4　创建的新主题显示到主题列表中

5. 设置幻灯片背景

幻灯片背景是应用于整个演示文稿的颜色、纹理、图案或图片，其他幻灯片元素都置于背景之上。

（1）应用纯色填充背景。

1）打开已有的演示文稿，选择"设计"选项卡，在"自定义"功能组中单击"设置背景格式"按钮，弹出"设置背景格式"窗格。

2）在"设置背景格式"窗格中，选中"纯色填充"单选按钮，单击"颜色"下拉按钮，在展开的下拉列表中选择准备应用的纯色。

3）设置完颜色后，也可以拖动"透明度"滑块设置相关参数。如果单击"应用到全部"按钮，所有页面都使用相关背景；如果不单击"应用到全部"按钮，则只对当前页面使用相关背景。

（2）应用渐变填充背景。纯色填充幻灯片背景会使幻灯片显得色彩较为单调，将演示文稿设计成渐变填充背景，会给人一种轻松、时尚的感觉。操作方法如下：在"设置背景格式"窗格中选中"渐变填充"单选按钮，即可设置渐变填充的相关参数。

（3）应用图片或纹理填充背景。幻灯片的背景不仅可以使用渐变填充，还可以使用图片或纹理进行填充。图片或纹理填充使幻灯片变得丰富多彩。操作方法如下：在"设置背景格式"窗格中选中"图片或纹理填充"单选按钮，即可设置图片或纹理填充的相关参数。

（4）应用图案填充背景。幻灯片的背景不仅可以使用图片或纹理填充，还可以使用图案进行填充。图案填充使幻灯片变得简洁。操作方法如下：在"设置背景格式"窗格中选中"图案填充"单选按钮，即可设置图案填充的相关参数。

三、PowerPoint 母版

如果想制作出一些具有统一的标识、背景、字体、版式和其他美化效果的幻灯片，可以利用 PowerPoint 母版功能来快速设置，它能极大地提高了用户的工作效率。母版的应用有 3 个方面：幻灯片母版、讲义母版和备注母版。

1. 幻灯片母版

幻灯片母版是存储关于模板信息的设计模板，它用于幻灯片的样式，如标题文字、背景、属性等。用户在幻灯片母版中更改一项内容就可将其应用于所有幻灯片。

幻灯片母版主要用于对演示文稿的统一设置，并且是基于版式、主题和模板创建的。在 PowerPoint 中提供了多种样式的母版，包括幻灯片母版和布局母版。其中布局母版又有很多类型。

（1）进入母版视图。在创建或编辑幻灯片母版时，应在"幻灯片母版"视图下操作。进入幻灯片母版的方法如下：在打开的演示文稿中，选择"视图"选项卡，在"母版视图"功能组中，单击"幻灯片母版"按钮，进入"幻灯片母版"视图，同时会打开"幻灯片母版"选项卡。例如：如果将鼠标指针置于幻灯片母版上，会显示"风景 幻灯片母版：由幻灯片 1～7 使用"，说明该母版是基于"风景"主题创建的母版，且演示文稿第 1～7 张幻灯片是基于该母版创建的，如图 4-5 所示。

图 4-5　"幻灯片母版"视图

在"幻灯片母版"视图中，左侧窗格缩略图中第一个较大的母版为幻灯片母版（也称为主母版），其余 11 个（不同的母版数量不同）较小的为与它上面的幻灯片母版相关联的幻灯片版式母版（也称为子母版或者布局母版）。幻灯片母版可以看作幻灯片版式母版的母版，幻灯片母版的设置是对所有幻灯片进行控制生效，而各种幻灯片版式母版则是在幻灯片母版的基础上，根据各自版式的特点经过"个性化"设置之后的结果。

（2）编辑幻灯片母版。

1）插入幻灯片母版。在"幻灯片母版"选项卡中，单击"编辑母版"功能组中的"插入幻灯片母版"按钮，添加新的幻灯片母版。若要为新的幻灯片母版设置新的主题，可再单击"编辑主题"功能组的"主题"按钮，在打开的主题列表中选择某一个主题，例如"离子"，则为新的母版设计一个新的主题"离子"。在应用时，两个幻灯片母版的下方将具有相关版式，这样在"开始"选项卡中的"幻灯片"功能组的"新建幻灯片"下拉列表中就会增加不同主题的幻灯片版式。

2）删除幻灯片母版。若要删除不想保留的母版，其操作方法如下：在"幻灯片母版"选项卡中，选定要删除的幻灯片母版，单击"编辑母版"功能组中的"删除"按钮即可。

3）重命名幻灯片母版。若要重命名幻灯片母版，其操作方法如下：在"幻灯片母版"选项卡中，选定要重命名的幻灯片母版，单击"编辑母版"功能组中的"重命名"按钮，弹出"重命名版式"对话框，输入新的版式名称，单击"重命名"按钮即可。

4）保留幻灯片母版。若要保留幻灯片母版，其操作方法如下：在"幻灯片母版"选项卡中，选定要保留的幻灯片母版，单击"编辑母版"功能组中的"保留"按钮即可。

（3）编辑幻灯片母版的版式。在"幻灯片母版"选项卡中，选定"幻灯片母版"，单击"母版版式"功能组中的"母版版式"按钮，在弹出的"母版版式"对话框中禁用或启用相应的选项。如果选中幻灯片版式母版，可以通过"母版版式"功能组中的"插入占位符"下拉列表；或者"标题"和"页脚"两个复选框来进行添加或删除占位符。

（4）设置幻灯片母版的颜色、字体、效果和背景。在"幻灯片母版"选项卡中，选定"幻灯片母版"，单击"背景"功能组中的"颜色""字体""效果"和"背景样式"按钮，在打开的下拉列表中选择即可。需要注意的是这些操作和"PowerPoint 主题"部分的设置是相同的。

（5）设置页眉和页脚。在幻灯片母版中还可以为幻灯片添加页眉、页脚，包括日期、时间、编号、页码等内容。操作方法如下：在"幻灯片母版"选项卡中，选定"幻灯片母版"，再选择"插入"选项卡，单击"文本"功能组中的"页眉和页脚"按钮，打开"页眉和页脚"对话框，如图 4-6 所示。在该对话框中勾选"日期和时间"复选框设置日期和时间，若选中"自动更新"单选按钮，则页脚显示的日期将自动根据系统日期进行修改；若选中"固定"单选按钮，则可在下方的文本框中输入一个固定的时间，页脚显示的日期不会根据系统日期而变化。勾选"幻灯片编号"复选框设置幻灯片的编号。勾选"页脚"复选框，在下面的文本框中输入文字，将其设置为页脚。若在标题幻灯片中不显示页眉和页脚，则需要勾选"标题幻灯片中不显示"复选框。最后单击"应用"或"全部应用"按钮完成设置。

2. 讲义母版

在"讲义母版"选项卡中，用户可以自定义演示文稿用于打印讲义时的外观。制

图 4 - 6 "页眉和页脚"对话框

作讲义母版主要包括设置每页纸张上显示的幻灯片数量、讲义方向、幻灯片的大小、背景，以及页眉、页脚、日期和页码信息等。

制作讲义母版的方法为：在"视图"选项卡的"母版视图"功能组中单击"讲义母版"按钮，进入讲义母版的编辑状态，即进入"讲义母版"选项卡。在"页面设置"功能组中可以设置讲义方向、幻灯片大小、每页幻灯片数量；在"占位符"功能组中可以通过勾选或取消勾选复选框来显示或隐藏相应的内容，并且可以移动各占位符的位置或占位符中文本样式等；在"背景"功能组中可以设置颜色、字体、效果及背景样式。

3.备注母版

备注母版中有一个备注窗格，用户可以在备注窗格中添加文字、艺术字、图片等，使其与幻灯片一起打印在一张打印纸上。备注母版也常用于教学备课中，其作用是演示各幻灯片的备注和参考信息。

制作备注母版的方法为：在"视图"选项的"母版视图"功能组中单击"备注母版"按钮，进入备注母版的编辑状态，即进入"备注母版"选项卡。在"页面设置"功能组中可以设置备注页方向、幻灯片大小；在"占位符"功能组中可以通过勾选或取消勾选复选框来显示或隐藏相应的内容，并且可以移动各占位符的位置或占位符中文本样式等；在"背景"功能组中可以设置颜色、字体、效果及背景样式。

四、PowerPoint 模板

PowerPoint 模板是保存为 .potx 文件的幻灯片或幻灯片组的图案或蓝图。模板可以包含版式、颜色、字体、效果、背景样式，甚至内容。PowerPoint 提供了很多内置免费模板，也可以在 Office 官网和其他合作伙伴网站上获得更多的免费模板。此外，还可以创建自定义模板。

1. 使用内置模板

创建新的演示文稿，可以从内置模板开始，其操作方法如下：

（1）打开 PowerPoint 应用程序，在"开始"选项卡中单击"新建"按钮，进入"新建"界面。

（2）在"新建"选项区域或者下方"Office"选项区域中选择中意的选项，例如"水滴"选项，弹出"水滴"模板对话框。

（3）在"更多图像"中选择"版式"并选择适当的"主题"颜色，单击"创建"按钮，即可创建空白演示文稿。

2. 使用网络模板

除了免费内置模板外，还可以使用 Office 官网提供的免费网络模板，其操作方法如下：

（1）在"新建"界面的"搜索联机模板和主题"文本框中输入要搜索的模板主题，例如输入"教学"，单击"搜索"按钮，即可出现相关模板，如图 4-7 所示。

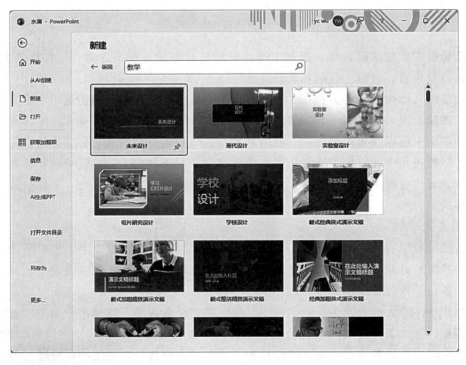

图 4-7 "教学"模板搜索结果

（2）从搜索到的结果中选择需要的模板，比如这里选择"授课"模板，从弹出的界面中，单击"创建"按钮，即可自动下载该模板，并创建新文档。此演示文稿不仅包含了相关的版式、主题和母版设计，还包含了相关的内容。

3. 自定义并保存模板

自定义模板分两种情况：一是完全在"空白演示文稿"的基础上进行自定义设计，再保存为模板；二是直接将现有的成熟的优秀的演示文稿保存为模板。这里重点讨论第一种情况。首先新建一个空白演示文稿，再按以下操作方法自定义模板。

（1）设置主题。选择"设计"选项卡，对主题进行自定义设计。

（2）设置母版。选择"视图"选项卡，在"母版视图"功能组中，单击"幻灯片母版"按钮，打开"幻灯片母版"选项卡，对母版进行自定义设计。

选中左侧的"幻灯片母版"，在"插入"选项卡中的"图像"功能组中，单击"图片"按钮，在弹出的下拉列表中选择"此设备"命令，找到相关徽标（logo）图片，插入到"幻灯片母版"中，调整图片的大小，在"排列"功能组中，单击"下移一层"按钮，选择"置于底层"命令，将徽标置于底层，以免阻挡其他内容。

（3）保存自定义模板。如果对修改结果觉得满意，就可以切换至"文件"选项卡，单击"另存为"命令，弹出"另存为"对话框，将其命名后保存。需要注意的是，"保存类型"要指定为"PowerPoint 模板（*.potx）"。

（4）应用自定义模板。应用自定义模板，创建新的演示文稿，其操作方法如下：

1）进入"新建"界面，在"新建"选项区域下方选择"自定义"选项卡，如图 4-8 所示。

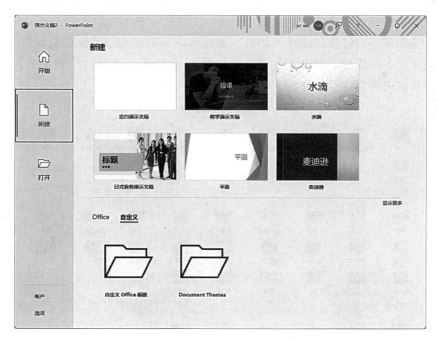

图 4-8 自定义模板文件夹

2）打开"自定义 Office 模板"文件夹，选择并单击"自定义模板"，弹出"自定义模板"对话框。单击"创建"按钮，即可创建空白演示文稿。

（5）删除自定义模板。若不再需要某些"自定义模板"，可以到"C：\ Users \ ×××（用户名，输入时不含括号内文字）\ 文档 \ 自定义 Office 模板"文件夹下，将不需要的模板删除。

（6）精美的演示文稿保存为模板及应用。如果用户得到了一个制作精美的演示文稿，希望在以后自己制作演示文稿的时候也能够用到这样的设计，可以将此演示文稿保存为模板，以方便使用。其操作方法如下：选择"文件"选项卡，单击"另存为"命令，弹出"另存为"对话框，"保存类型"指定为"PowerPoint 模板（＊.potx）"，并将其命名后保存。

第二节　PowerPoint 动画

动画是幻灯片的重要组成元素，在制作幻灯片的过程中，适当地加入动画可以使幻灯片变得更加精彩。幻灯片提供了多种动画样式，支持动画效果的自定义播放。在幻灯片放映时，主要包括幻灯片切换动画和幻灯片对象动画。

一、幻灯片切换动画

幻灯片切换动画是指在幻灯片放映时，一张幻灯片从屏幕上消失后，另一张幻灯片显示在屏幕上的一种动画效果。

1. 添加幻灯片切换动画

在默认情况下，演示文稿中幻灯片之间是没有动画效果的。如果要进行幻灯片切换动画设置，按以下方法进行：

（1）选中某一幻灯片，选择"切换"选项卡，单击"切换到此幻灯片"功能组中的"其他|▽|"下拉按钮，弹出下拉列表，如图 4-9 所示。其中切换效果分为细微型、华丽型和动态内容型三类。

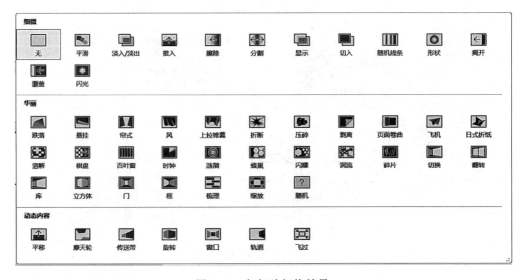

图 4-9　幻灯片切换效果

（2）在弹出的下拉列表中选择一种切换效果，例如这里选择"华丽"区域的"百叶窗"效果，添加完成后在左侧的幻灯片窗格中该幻灯片缩略图左侧多出一个"★"标志。

2. 设置幻灯片切换方式效果

（1）设置"效果选项"。单击"切换到此幻灯片"功能组中的"效果选项"按钮，

资源 4-1
幻灯片
切换动画

在下拉列表中进行选择。假设此处是"百叶窗"效果，"效果选项"有"垂直"和"水平"两个选项；如果是"涟漪"效果，"效果选项"则有"居中""从左下部""从右下部""从右上部""从左上部"五个选项。

（2）设置切换"声音"。切换动画效果默认都是无声的，需要手动添加所需声音效果。其方法为：单击"计时"功能组中的"声音"下拉按钮，并在弹出时下拉列表中进行选择。此外，如果不想将切换声音设置为系统自带的声音，那么可以在下拉列表中选择"其他声音"选项，打开"添加音频"对话框，通过该对话框可以将本地保存的声音文件应用到幻灯片切换动画中。

（3）设置切换"持续时间"。在"计时"功能组中的"持续时间"数值框中输入具体的切换时间；或直接单击数值框中的微调按钮，即可改变幻灯片切换的持续时间。

（4）设置切换"换片方式"。在"计时"功能组，"换片方式"中显示了"单击鼠标时"和"设置自动换片时间"两个复选框，勾选其一或同时勾选均可完成对幻灯片换片方式的设置。在"设置自动换片时间"复选框右侧有一个文本框，在其中可以输入具体数值，表示在经过指定秒数后自动移至下一张幻灯片。

二、幻灯片对象动画

在 PowerPoint 中，幻灯片中可以设置动画效果的对象有占位符、表格、图像（图片等）、插图（形状、SmartArt、图表等）、文本（文字、文本框、艺术字等）、符号（公式等）、媒体（视频、音频等）。这些对象动画效果分为进入动画、强调动画、退出动画和动作路径动画四类。

进入动画：进入动画实现对象的从"无"到"有"。在触发动画之前，被设置为进入动画的对象是不出现的，在触发之后，对象采用何种方式出现是进入动画要解决的问题。进入动画在 PowerPoint 中一般都使用绿色图标标识。

强调动画：强调动画实现对象的从"有"到"有"，前面的"有"是对象的初始状态，后面的"有"是对象的变化状态，两个状态的变化起到了强调突出对象的作用。强调动画在 PowerPoint 中一般都使用黄色图标标识。

退出动画："退出动画"与"进入动画"正好相反，它实现对象的从"有"到"无"。对象在没有触发动画之前是存在屏幕上的，而当动画被触发后，则从屏幕上以某种效果消失。退出动画在 PowerPoint 中一般都使用红色图标标识。

动作路径动画：动作路径动画就是对象沿着某条路径运动的动画。

1. 添加进入动画效果

在添加进入动画效果之前需要选中对象。这里以一个图形"五角星"为例，详细描述添加进入动画效果的过程。

（1）添加进入动画。选中"五角星"，在"动画"选项卡的"动画"功能组中，单击"其他▼"下拉按钮，弹出如图 4-10 动画效果下拉列表，在"进入"区域选择。也可以单击"高级动画"功能组中的"添加动画"按钮，弹出的下拉列表和图 4-10 是一致的。如果选择图 4-10 中"更多进入效果"命令，则将打开"添加进入效果"对话框，在该对话框中可以选择更多的进入动画效果。"进入效果"对话框的动画按

资源 4-2
幻灯片对
象动画

风格分为基本型、细微型、温和型和华丽型。选中对话框最下方的"预览效果"复选框，则在对话框中单击某一种动画时，都能在幻灯片编辑窗口中看到该动画的预览效果。另外，如果要复制此动画设置给另一个对象，则可以使用"高级动画"功能组中的"动画刷"功能。它的用法和 Word 中的"格式刷"相似。

此外，为了能够清楚地了解动画设置，还需要单击"高级动画"功能组中的"动画窗格"按钮，弹出"动画窗格"。运用"动画窗格"可以浏览"播放"动画，可以控制动画的播放顺序，还可以调整动画的持续时间。

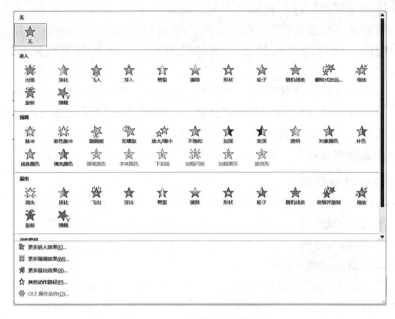

图 4-10　动画效果下拉列表

（2）设置进入动画效果。选中"五角星"，单击"动画"功能组中的"效果选项"按钮，在下拉列表中进行选择。另外如果在"动画窗格"中，单击某一动画右边的下拉按钮，弹出下拉列表；或右击某动画在弹出的快捷菜单中选择"效果选项"，打开"动画效果"对话框，还有"平滑开始""平滑结束""弹跳结束""声音""动画播放后""动画文本"等选项。其中各选项的含义如下：

1）"平滑开始"：动画动作的速度将会从零开始，直到匀加速到一定速度。如果此选项设为 0 秒，则动作将在一开始就以最大速度进行。

2）"平滑结束"：与"平滑开始"类似，表示动画动作从一定速度逐渐减速到零。如果此项为 0 秒，则动作在结束之前，速度不会降低。

3）"弹跳结束"：动画动作将在多次反弹后结束，就像乒乓球落地一样，反弹幅度的大小取决于反弹结束的时间。

4）"声音"：允许对每一个动画添加一个伴随声音，此项在后续单独表述。

5）"动画播放后"：可以选择让对象执行动画后，变为其他颜色。

6）"动画文本"：当对象为文本框时，规定该对象中的所有文本是作为一个整体执行动画还是以单词或者字符为基本单元先后执行动画。

（3）设置动画"声音"。动画效果默认都是无声的，需要手动添加所需声音效果。其方法为：在"动画窗格"中，选择一个动画，打开"动画效果"对话框。在"声音"下拉列表中，选择相关声音选项即可。此外，如果不想将动画声音设置为系统自带的声音，可以和切换动画声音一样进行自定义操作。

（4）设置动画"持续时间"。在"计时"功能组中的"持续时间"文本框中输入具体的持续时间，或直接单击数值框中的微调按钮，即可改变动画的持续时间；在"延迟"文本框中输入具体的延迟时间，或直接单击数值框中的微调按钮，即可改变动画的延迟时间。另一种方法是在"动画效果"对话框中进行相应的设置。其中各选项的含义如下：

1）"延迟"表示经过几秒后开始播放动画。

2）"期间"表示动画的执行时长，可以任意设置，并可以精确到 0.01 秒。

3）"重复"表示动画重复执行的次数，也可以任意设置，可以设置为"无"，也可以设置为"直到下一次单击"或者"直到幻灯片末尾"。

4）"播完后快退"表示选中此复选框可以让对象执行完动画后回到执行前状态。

5）"触发器"单击该按钮可以设置动画的触发方式，给动画添加触发器，即只有单击某个设置的对象，动画才出现，后面将专门描述这个功能用法。

（5）设置动画"执行方式"。在"计时"功能组，"开始"下拉列表中显示了"单击时""与上一动画同时"和"上一动画之后"三个选项；或者在"动画窗格"中，选择一个动画，单击右边的下拉按钮，弹出的下拉列表中有"单击开始""从上一项开始"和"从上一项以后开始"三个选项。虽然它们表述不同，但含义基本上是一致的。各选项的含义如下。

1）"单击时"（单击开始）：只有在多单击一次后该动画才会触发。例如，想要让两个动画按顺序显示，单击一次触发一个动画，再单击一次触发另一个动画，那么两个动画都应该选择"单击时"选项。

2）"与上一动画同时"（从上一项开始）：该动画会和上一个动画同时开始。例如，把第一个动画设置为"单击时"，第二个动画设置为"从上一项开始"，那么单击一次之后，两个动画会同时触发。

3）"上一动画之后"（从上一项之后开始）：上一动画执行完之后该动画就会自动执行。对于两个动画，如果第二个动画选择了这个选项，那么只需单击一次，两个动画就会先后触发。

2. 添加强调动画效果

添加强调动画效果的过程和添加进入动画效果基本相同，选中对象后，在图 4-10 中的"强调"区域选择设置；或者在"更多强调效果"对话框中，以及"动画窗格"中进行选择设置。

3. 添加退出动画效果

添加退出动画效果的过程和添加进入动画效果、强调动画效果基本相同，选中对象后，在图 4-10 中的"退出"区域选择设置；或者在"更多退出效果"对话框中，以及"动画窗格"中进行选择设置。

资源 4-3
对象添加
多个动画

4.添加动作路径动画效果

动作路径动画又称为路径动画,可以指定对象沿预定的路径运动。PowerPoint 中的动作路径动画不仅提供了大量预设路径动画效果,还可以由用户自定义路径动画效果。添加动作路径动画的步骤与添加进入动画效果的步骤基本相同,选中对象后,在图 4-10 中的"动作路径"区域选择设置;或者在"更多动作路径"对话框中,以及"动画窗格"中进行选择设置。

资源 4-4
触发器播
放视频

5.用"触发器"播放视频

触发器是 PowerPoint 幻灯片中控制动画播放的一项基本功能,它可以是一个图片、图形、按钮,甚至可以是一个段落或文本框,单击触发器时会触发一个操作,该操作可能是音频、视频或动画。下面以某一视频的播放控制设置来描述触发器的应用。

(1)控制按钮设置。插入三个矩形,在矩形中分别输入"播放""暂停""停止",并将矩形边框和填充设置为"红色",文本设置为"黄色"。

(2)视频插入。在"插入"选项卡的"媒体"功能组中,单击"视频"按钮,弹出下拉列表,在相应位置找到要插入的视频。

(3)添加动画效果。选中插入的视频,并打开"动画窗格",单击"添加动画"按钮,弹出下拉列表,如图 4-11 所示。依次单击"媒体"区域的"播放""暂停""停止"按钮,完成后,在"动画窗格"中会出现动画效果。

图 4-11 "添加动画"下拉列表"媒体"栏

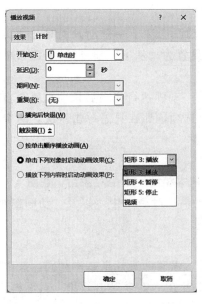

图 4-12 播放动画触发器设置结果

(4)设置触发器效果。选中需要设置触发器的动画效果(以"播放"动画为例),选中"播放"动画,单击右侧下拉按钮,在弹出的下拉列表中选择"计时"命令,弹出视频播放"计时"对话框,单击"触发器"按钮,选中"单击下拉对象时启动动画效果"单选按钮,再在右侧下拉列表选择"矩形 3:播放"命令,如图 4-12 所示。根据同样的方法,依次操作"暂停"动画和"停止"动画。

(5)试验播放。保存演示文稿,在"幻灯片放映"选项卡的"开始放映幻灯片"功能组中,单击"从当前幻灯片开始"按钮,进入幻灯片放映模式,分别单击屏幕上自制的"播放""暂停""停止"按钮来控制视频的播放。

第三节 制作个人述职报告

一、实例导读

述职报告是指各级工作人员向上级、主管部门和下属员工陈述任职情况,进行自我回顾、评估、鉴定的书面报告,包括履行岗位职责的情况、完成工作任务的情况、存在的问题和今后的设想等。

二、实例分析

小才是某公司销售部的经理,主持销售部工作。年末,公司需要进行部门负责人的述职报告工作,报告一年来个人的履职情况、部门的主要工作、存在的问题及今后的打算。经过查询资料和多方咨询,小才了解到,演示文稿最实用的结构是:总—分—总。

演示文稿结构中的总—分—总分别对应的是概述、分论点和总结。概述就是要开门见山地告诉大家这个演示文稿是讲什么的;分论点就是分几个方面进行论述,这几个方面可能是并列关系,也可能是递进关系;总结就是在原有的基础上进一步明确观点,提出下一步计划。

从一开始,小才确实有些摸不着头绪,有些焦头烂额。经过他自己查找资料和不断学习,能够用学过的 PowerPoint 的操作知识,制作一份详细的述职报告,他将报告主要包括以下几个部分:①封面或者标题页;②目录页;③正文页:主要按照目录中条目进行具体叙述;④致谢页。

1. 演示文稿封面设计

封面是一份演示文稿呈现给观者的第一印象,封面的内容决定了整篇演示文稿的格调,其文案和图片及点缀的元素之间的配合至关重要。演示文稿封面的类型包括以图片为主的带图封面和以文字颜色为主的无图封面。

(1) 带图封面。带图封面一般可以根据图片所占页面的尺寸及图片与内容的位置关系,分为全图型封面和半图型封面。

1) 全图型封面。全图型封面一般适用于文字比较少的封面,文字本身不能占据整个版面,此时只能借助图片。在制作封面之前,首先需要想好主题,然后根据主题选好关键字,寻找合适的场景使用专业设备拍照,最后将图片和文字整合优化。

2) 半图型封面。半图型封面一般是图片和内容各占一半,目的是视觉平衡。半图型封面可以是上图下文结构,也可以是左图右文结构等,如图 4-13 所示。

(2) 无图封面。对于没有背景图的封面,为了避免单调,一般会增加一些简单的图形作为点缀,常用的有直线、矩形、圆形、三角形、星形等。

2. 演示文稿目录页设计

目录能够让观众清晰地知道整个演示文稿的结构内容,目录页是不可或缺的。演示文稿目录大部分都是图文并茂。目录通常分为三种:上下结构、左右结构和拼接结构。

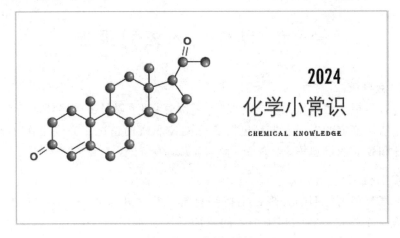

图 4-13　半图型封面

（1）上下结构。上下结构的目录就是"目录"两字在上，内容在下且呈一字排开，如图 4-14 所示。

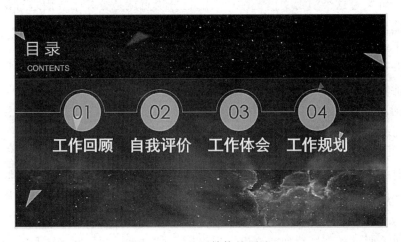

图 4-14　上下结构的目录

（2）左右结构。左右结构的目录一般是"目录"两字在左，内容在右；也有少量内容在左，"目录"两字在右，如图 4-15 所示。

（a）

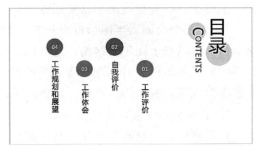

（b）

图 4-15　左右结构的目录

（3）拼接结构。拼接结构就是图文拼接，就像拼图，有趣、不枯燥，如图 4 - 16 所示。

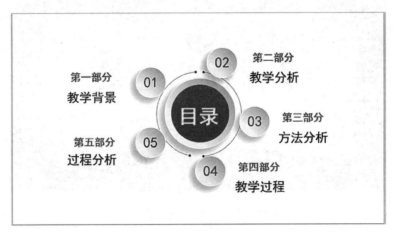

图 4 - 16 拼接结构的目录

3. 演示文稿过渡页设计

过渡页是使演示文稿连贯、结构严谨的一种手段。演示文稿的各部分靠过渡页来连接。过渡页的设计有两类：第一类是直接使用目录页，第二类是重新设计过渡页。

（1）直接使用目录页。直接使用目录页的好处是制作简单，而且能让观众快速知道演示到了哪里。方法就是利用对比原则，突出显示对应目录，如图 4 - 17 所示。

图 4 - 17 直接使用目录页

（2）重新设计过渡页。重新设计过渡页只要保持页面风格与其他过渡页风格一致即可，如图 4 - 18 所示。

4. 演示文稿正文页设计

演示文稿的正文页的设计可谓百花齐放，常用的表现形式有全图型、纯文本型和图文结合型，如图 4 - 19 所示。

图 4-18　重新设计过渡页

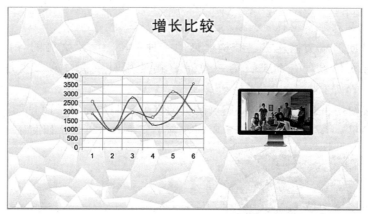

（a）全图型

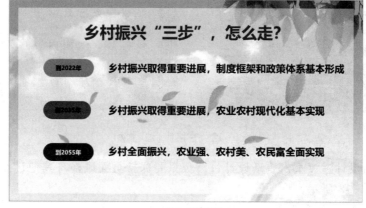

（b）纯文本型

图 4-19（一）　正文页设计

（c）图文结合型

图 4 - 19（二） 正文页设计

5. 演示文稿结束页设计

结束页一般就是感谢语，或者对演示文稿的一个简单总结。制作时注意与演示文稿的整体风格相呼应，简洁、大方即可，如图 4 - 20 所示。

（a）示例1

（b）示例2

图 4 - 20 结束页设计

三、技术要点

1. PowerPoint 设计和动画设计

这两部分内容在前面两节已经详细讲述过，此处以及后面用到不再进行说明，而直接应用。

2. 页面设置与显示比例设置

在 PowerPoint 中切换到"设计"选项卡，单击"自定义"功能组中的"幻灯片大小"按钮，在下拉列表中选择显示比例"标准（4∶3）"或"宽屏（16∶9）"，再选择"自定义幻灯片大小"命令，弹出"幻灯片大小"对话框，在"幻灯片大小"下拉列表框中设置幻灯片大小，在右侧的"方向"区域设置幻灯片的方向，设置完成后单击"确定"按钮。

3. 插入表格、图像、插图、艺术字、符号

在制作幻灯片时，根据需要适当插入一些表格、图像、插图、艺术字和符号，可以达到图文并茂的效果。这些元素的操作方法和在前面 Word 讲过的极为相似，都是通过"插入"选项卡中的相关功能组完成的。

4. 图形层次

资源 4-5
图形层次

在演示文稿中的对象是有先后顺序的，后插入对象默认显示在先插入对象的顶层。如果上层对象比下层对象大，就会完全遮挡住下层对象，用户就无法对底层对象进行选中、编辑等操作。如果用户需要对下层对象进行编辑，应先调整其层次，将其置于顶层，然后再进行编辑操作。

在幻灯片中先插入一个较小的图形"圆形"，再插入一个较大的图形"正方形"，最后插入一个最大的图形"矩形"，后面的图形依次覆盖前面的图形。现在只能选中最顶层的"矩形"，在"形状格式"选项卡的"排列"功能组中，单击"下移一层"按钮，显示出"正方形"，此时"矩形"夹在"圆形"和"正方形"之间（圆形仍然被覆盖）。再重复上一步操作，"矩形"便到达底层，此时"圆形"在"正方形"和"矩形"之间，这时只需选中"正方形"，重复上一步操作，便可将"圆形"显示出来。更简洁的方法是首先选中"矩形"，单击"下移一层"右侧下拉按钮，选择"置于底层"命令，此时"正方形"可以显示出来，便可选中"正方形"，单击"下移一层"按钮，便可将"圆形"显示出来。

5. 排列与对齐

资源 4-6
图形排列
与对齐

幻灯片上有多个对象，它们之间的排列方式直接影响到幻灯片的美化效果。如果通过拖曳鼠标来排列这些对象，效率比较低，而且精确度也不够，手稍微一颤抖可能就不精准了。所以推荐使用 PowerPoint 自带的对齐工具，可以大大提高排列与对齐的效率。

（1）对齐。选中需要进行对齐操作的对象，在"形状格式"选项卡"排列"功能组中，单击"对齐"按钮，弹出图 4-21"对齐"下拉列表。首先观察下拉列表的最后两个选项——"对齐幻灯片"和"对齐所选对象"。要区分清楚这两个选项的含义，其中"对齐幻灯片"是指以幻灯片边界为对齐基准线；"对齐所选对象"是指以所选的多个对象中，最边界的对象为对齐基准线。需要说明的是，如果幻灯片中只选择一个对象，会默认选择"对齐幻灯片"选项，在其前面会出现一个"√"。

1）相对幻灯片对齐。

a. 左对齐：将选中的对象与幻灯片的左侧边缘对齐。

b. 水平居中：将选中的对象在水平方向上居中放置。

c. 右对齐：将选中的对象与幻灯片的右侧边缘对齐。

d. 顶端对齐：将选中的对象与幻灯片的顶端边缘对齐。

e. 垂直居中：将选中的对象在垂直方向上居中放置。

f. 底端对齐：将选中的对象与幻灯片的底端边缘对齐。

2）相对所选对象对齐。

a. 左对齐：将选中的对象与最左侧对象的左侧边缘对齐。

b. 水平居中：将选中的对象在最左侧对象的左边缘与最右侧对象的右边缘之间的中线水平方向上居中放置。

c. 右对齐：将选中的对象与最右侧对象的右侧边缘对齐。

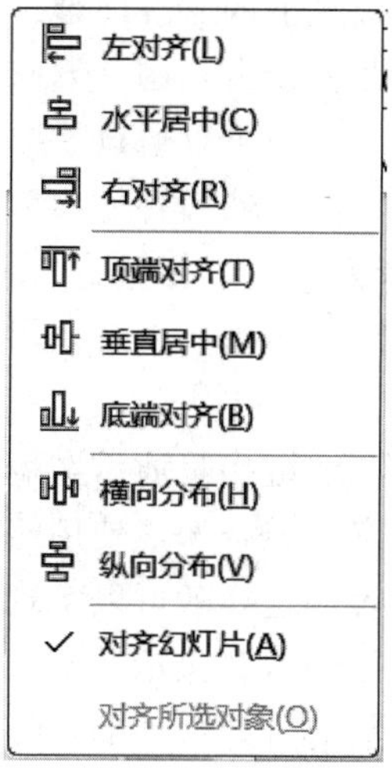

图 4 - 21 "对齐"
下拉列表

d. 顶端对齐：将选中的对象与最上侧对象的顶端边缘对齐。

e. 垂直居中：将选中的对象在最上侧对象的顶端边缘与最下侧对象的底端边缘之间的中线垂直方向上居中放置。

f. 底端对齐：将选中的对象与最下侧对象的底端边缘对齐。

（2）分布。在幻灯片排版中，经常需要将多个对象横向或纵向排布，且要求两两间距相等。"分布"命令在"对齐"下拉列表中，如图 4 - 21 所示。

1）相对幻灯片分布。选中需要进行分布操作的对象，在图 4 - 21 中，先选择"对齐幻灯片"命令，再根据要求选择分布方式。其中：①横向分布是指把对象在页面上横向均匀排列，使它们之间保持相同的水平距离；②纵向分布是指把对象在页面上纵向均匀排列，使它们之间保持相同的垂直距离。

2）相对所选对象分布。选中需要进行分布操作的对象，在图 4 - 21 中，先选择"对齐所选对象"命令，再根据要求选择分布方式。其中：①横向分布是指把对象在最左侧对象和最右侧对象之间横向均匀排列，使它们之间保持相同的水平距离；②纵向分布是指把对象在最顶端对象和最底端对象之间纵向均匀排列，使它们之间保持相同的垂直距离。

（3）使用参考线和网格线。选择和移动对象时，PowerPoint 参考线有助于对齐对象并均匀地设置其空间。还可以使用有用的对齐选项、指南和网格线对齐对象，为演示文稿提供专业外观。

在"视图"选项卡的"显示"功能组中，勾选"参考线"复选框，可显示水平和垂直中心线；勾选"网格线"复选框，可显示水平和垂直网格线。两个复选框可以同时使用。

在"视图"选项卡的"显示"功能组中，单击右下角的"网格设置"按钮，弹出

"网格和参考线"对话框。在"对齐"区域，勾选"对象与网格对齐"复选框，表示用键盘上的"方向键"移动对象时，对象"跳跃"至下一个网格线的节点；如果不勾选此复选框，用"方向键"移动对象时，对象仅移动 1 个像素。

用户可以通过这些线条来对齐或者排列对象。

（4）使用智能参考线。选择一个对象，然后开始移动它，会出现红色虚线（智能参考线），以便垂直、水平或同时对齐项目。智能参考线也会显示在对象之间或靠近幻灯片边缘，以帮助均匀地排列对象。

6．超链接

超链接是演示文稿中实现交互的最常见、最容易实现的方式之一。超链接是一种内容跳转技术，使用超链接可以方便地实现从幻灯片中的任意一个内容跳转到另一个内容，这样就可以实现对演示文稿内容的重新组织。在 PowerPoint 中，可以创建超链接的对象包括文本、形状、表格和图形图像。使用超链接能够从当前幻灯片跳转到其他幻灯片、外部文件或网址。其具体方法如下：在"插入"选项卡中的"链接"功能组中，单击"链接"按钮，打开"插入超链接"对话框，可以选择链接的目标对象，如图 4 - 22 所示。

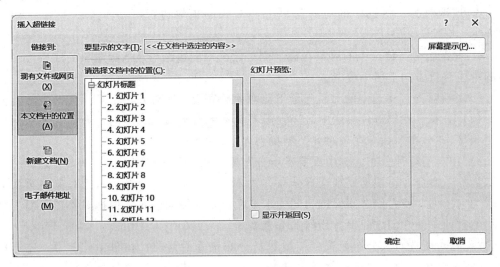

图 4 - 22　"插入超链接"对话框

在为对象添加超链接时，有时需要实现将鼠标指针放置到该对象上时显示提示信息。要实现这种功能，可以在"插入超链接"对话框中单击"屏幕提示"按钮，打开"设置超链接屏幕提示"对话框，在对话框的"屏幕提示文字"文本框中输入屏幕提示文字。

7．幻灯片放映

演示文稿的放映类型包括演讲者放映、观众自行浏览和在展台浏览 3 种。具体放映方式的设置可以在"幻灯片放映"选项卡的"设置"功能组中，单击"设置幻灯片放映"按钮，然后在弹出的"设置放映方式"对话框中进行相关设置，如图 4 - 23 所示。

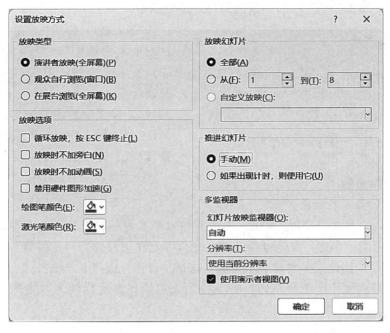

图 4-23 "设置放映方式"对话框

（1）演讲者放映。演讲者放映方式是指由演讲者一边讲解一边放映幻灯片，此演示方式一般用于比较正式的场合，如专题讲座、学术报告、毕业答辩等。应用这种放映方式时，可进行以下操作：

1）在图 4-23 中，在"放映类型"区域中选中"演讲者放映（全屏幕）"单选按钮。

2）在"放映选项"区域中勾选"循环放映，按 Esc 键终止"复选框；在"推进幻灯片"区域中选中"手动"单选按钮，设置演示过程中换片方式为手动，单击"确定"按钮完成设置。

3）按【F5】快捷键即可进行全屏幕的演示，按【Esc】键可退出演示状态。

（2）观众自行浏览。观众自行浏览方式是由观众自己动手使用计算机观看演示文稿。如果希望让观众自己浏览演示文稿，可以将演示文稿的放映方式设置成观众自行浏览。应用这种放映方式时，可进行以下操作：

1）在图 4-23 中，在"放映类型"区域中选中"观众自行浏览（窗口）"单选按钮，单击"确定"按钮完成设置。

2）按【F5】快捷键即可进行全屏幕的演示，按【Esc】键可退出演示状态。

（3）在展台浏览。在展台浏览放映方式可以让演示文稿自动放映，而不需要演讲者操作。有些场合需要让演示文稿自动放映，例如放在展览会的产品展示等。应用这种放映方式时，应先进行"排练计时"操作，其操作方法如下：

1）打开制作好的演示文稿后，在"幻灯片放映"选项卡的"设置"功能组中，单击"排练计时"按钮，弹出"排练计时"操作界面。

2）根据需要进行幻灯片演示，演练完后，按【Esc】键弹出图 4-24"排练计时"

结束对话框，单击"是"按钮，返回幻灯片编辑界面。

图 4 - 24　"排练计时"结束对话框

3）在图 4 - 23 中，在"放映类型"区域中单击选中"在展台浏览（全屏幕）"单选按钮，单击"确定"按钮完成设置。

4）按【F5】快捷键即可根据"排练计时"演练过程进行全屏幕的演示，按【Esc】键可退出演示状态。

四、操作步骤

1. 页面设置及显示比例设置

大部分用户喜欢看广角的画面，16：9 格式的宽屏是符合黄金分割率的，更符合大众的审美习惯。因此，在进行设计前，先将显示比例设置为"宽屏（16：9）"。在 PowerPoint 中，新建一个空白演示文稿，选择"设计"选项卡，单击"自定义"功能组中的"幻灯片大小"下拉按钮，在下拉列表中选择显示比例为"宽屏（16：9）"即可。

2. 设计幻灯片母版

为了统一演示文稿的风格，幻灯片都以"灰白晶体"为背景。此形式可以在母版中进行统一设计，步骤如下：

（1）选择"视图"选项卡，在"母版视图"功能组中，单击"幻灯片母版"按钮，切换到幻灯片母版视图，并在左侧列表中选中第 1 张幻灯片（幻灯片母版）。

（2）在"幻灯片母版"选项卡"背景"功能组中，单击右下角的"设置背景格式"按钮，在弹出的"设置背景格式"窗格中选中"填充"区域的"图片或纹理填充"单选按钮，单击"图片源"区域的"插入"按钮，弹出"插入图片"对话框，并选择"来自文件"命令，在本地找到相应图片，单击"插入"按钮即可。

3. 封面页幻灯片设计

封面页幻灯片采用半图型封面，使图文在视觉上达到平衡，详细过程如下：

（1）在封面页幻灯片左上角插入公司的名称及 LOGO，在"标题"占位符中输入"年份"，并设置字体和段落。

（2）在"副标题"占位符中输入"工作述职报告"，相类似地设置字体和段落。

（3）插入一个矩形，并设置填充颜色、形状轮廓和大小。

（4）类似地，再插入三个相同大小的菱形，分别在三个图形中输入"上""半""年"三个字，并同时选中三个图形，设置图形填充、图形轮廓和字体。

（5）最后，再插入一个横排文本框，输入"汇报人：×××"等文字，并设置文字格式。

（6）首页幻灯片中的内容设计完成后，针对部分对象添加进入动画，再将各个对象进行排列，最终结果如图 4 - 25 所示。

4. 目录幻灯片设计

目录页幻灯片采用上下结构，简单明了，详细过程如下：

图 4-25 "首页幻灯片"最终结果图

（1）插入一页空白幻灯片。

（2）在左上角插入一个高度 2.24 厘米、宽度 2.46 厘米的矩形，输入大写字母"C"并设置为"右对齐"，在右侧插入两个横排文本框，上面输入"目录"，下面输入"ontents"；在幻灯片中部位置插入 4 个不同的图标，图标下输入相关文字；在幻灯片的最下方再插入一个长条矩形。

（3）针对部分对象添加进入动画，再将各个对象进行排列，"目录页幻灯片"最终结果如图 4-26 所示。

图 4-26 "目录页幻灯片"最终结果图

5. 过渡页幻灯片设计

过渡页幻灯片进行重新设计，详细过程如下：

（1）插入标题版式幻灯片，在"标题"占位符输入"Part1"，在"副标题"占位符输入"工作回顾"；在"标题"占位符左侧插入正方形和图标，并调整图标层次在正方形上面，在其右侧插入矩形。

（2）将正方形、占位符和矩形等水平平均分布，"过渡页幻灯片"最终效果如图 4-27 所示。

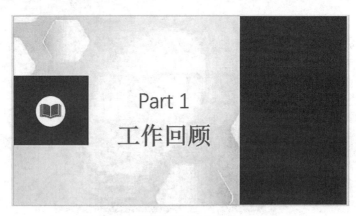

图 4 - 27 "过渡页幻灯片"最终结果图

6. 正文页幻灯片设计

演示文稿的正文页可以根据内容要求进行设计，有全图型、纯文本型和图文结合型等可供选择，如图 4 - 28 所示。在此部分内容完成的最后一页，增加一个返回到目录页面的图标，并设计超链接返回到目录页。相似地，再对其他部分进行设计，直至全部内容完成。

（a）

（b）

图 4 - 28（一） 部分正文页设计示意图

(c)

图 4 - 28（二）　部分正文页设计示意图

7. 结束页幻灯片设计

结束页按照一般情况设计即可，如图 4 - 29 所示。

图 4 - 29　结束页设计示意图

8. 添加切换动画和对象动画

根据需要可以为演示文稿添加切换动画和对象动画。

9. 演示文稿放映演练

按照演讲者放映方式进行演练，检查幻灯片播放次序、动画设置、超链接等内容，及时发现问题，不断纠正错误，使演示文稿精益求精。

五、实例总结

通过制作个人述职报告，对制作演示文稿的一般过程有了大体了解。在实际应用中，论文答辩幻灯片、演讲幻灯片、公司或产品宣传幻灯片等各种各样的幻灯片，都是相似的架构。也就是说，通过学习这一个演示文稿的创作和制作，可以达到触类旁通的效果。

第四节　制作天文科普教学课件

一、实例导读

教学课件是有利于教学的一种方式，目的是帮助学生更好地融入课堂氛围，吸引学生关注课堂教学知识，帮助学生增进对教学知识的理解，从而更好地实现学习目的。可以利用计算机、投影仪或者电子白板等工具，放映与课程相关的教学资料，如图片、文字、音频、视频等，甚至展示一些相关书籍供学生观看。

二、实例分析

大学生志愿者小吴近日得到附近建大附属小学的邀请，请他入校给小学生们讲一堂关于天文知识的科普课堂。对于从来没有站上过讲台的小吴来说，多少感觉有些不知所措。他突然灵机一动，想到自己的老师在讲台上的一举一动，显得如此游刃有余，心存向往。他了解到老师们一般都有一个演示文稿，在大屏幕上播放，起到提示的作用。因此，他也想通过学过的 PowerPoint 知识制作一个演示文稿，来帮助他完成这项任务。

他想在演示文稿里主要介绍太阳、地球和月亮的天文知识。他设想理论知识可以通过文字、图片等静态元素完成；他还想找一些相关视频让小学生们更能理解知识内涵；最后又想到用"动画"功能来制作"太阳—地球—月球"系统，以帮助小学生理解时间的变化实质，启发他们更加珍惜时间。

三、技术要点

1. 幻灯片的基本操作

幻灯片的基本操作是制作演示文稿所必需的，包括 PowerPoint 设计、页面设置、插入各种元素、动画设计、幻灯片放映预览。

2. 插入媒体

在幻灯片中添加音频、视频，可以丰富教学内容的呈现形式，有利于学生保持兴奋状态，吸引其注意力，增强学习兴趣，调节课堂的学习气氛。插入音频和视频是 PowerPoint 与 Word、Excel 所不同的，其实在前面讲述动画时有所涉及，但并没有详细说明，在此展开说明。

（1）插入音频。在 PowerPoint 中可以添加来自文件和自己录制的音频，其支持的音频文件格式见表 4-1。

表 4-1　　　　　　　　　　PowerPoint 支持的音频文件格式

文　件　格　式	扩　展　名
AIFF 音频文件	. aiff
AU 音频文件	. au
MIDI 文件	. mid 或 . midi
MP3 音频文件	. mp3

续表

文 件 格 式	扩 展 名
高级音频编码-MPEG-4音频文件	.m4a、.mp4
Windows 音频文件	.wav
Windows Media Audio 文件	.wma

1) 插入文件中的音频。制作演示文稿时，保存在计算机中的所有支持的音频文件都可以插入幻灯片中，其方法如下。

a. 在"插入"选项卡的"媒体"功能组中，单击"音频"按钮，在弹出的下拉列表中选择"PC 上的音频"命令。

b. 弹出"插入音频"对话框，在计算机存储器查找音频文件所在位置，选择文件后单击"插入"按钮。

c. 返回幻灯片中即可看到已插入的音频文件，选中音频，用鼠标拖动至合适的位置即可。

2) 播放音频。

在幻灯片中插入音频文件后，可以试听效果。播放音频的方法有以下两种：

a. 选中插入的音频文件后，单击音频文件图标下的"播放" ▶ 按钮即可播放音频。

b. 选中插入的音频文件后，在"预览"功能组中，单击"播放"按钮即可播放音频。

无论用哪种方式播放，单击"播放"按钮后，都会变成"暂停"按钮，单击此按钮可以暂停播放。

3) 设置播放效果。

a. 设置音量高低：选中幻灯片中添加的音频文件，在"音频选项"功能组中，单击"音量"下拉按钮，在弹出的下拉列表中选择所需要的选项。

b. 设置音频播放方式：选中幻灯片中添加的音频文件，在"音频选项"功能组中，单击"开始"后的下拉按钮，根据需要从弹出的下拉列表中选择所需选项。

c. 隐藏音频图标：选中幻灯片中添加的音频文件，在"音频选项"功能组中，勾选"放映时隐藏"复选框，可以在放映幻灯片时将音频图标隐藏。

d. 循环播放：选中幻灯片中添加的音频文件，在"音频选项"功能组中，勾选"循环播放，直至停止"和"播放完毕返回开头"复选框，可以使该音频文件循环播放。

4) 删除音频。若发现插入的音频文件不是想要的，可以将其删除。选中插入的音频文件的图标，按【Delete】键即可将其删除。

另外，在"编辑"功能组中还有添加渐强渐弱效果和剪辑音频等功能，用户可以根据需要进行相关设置，在此不再赘述。

(2) 插入视频。在 PowerPoint 中可以添加来自文件、库存视频和联机视频，其支持的视频文件格式见表 4-2。

表 4 - 2　　　　　　　　　　　　PowerPoint 支持的视频文件格式

文 件 格 式	扩 展 名
Windows 视频文件（某些 . avi 文件可能需要其他编解码器）	. asf
Windows 视频文件（某些 . avi 文件可能需要其他编解码器）	. avi
MP4 视频文件 *	. mp4、. m4v、. mov
电影文件	. mpg 或 . mpeg
Windows Media 视频文件	. wmv

在幻灯片中插入视频、播放视频、设置播放效果和删除视频的操作方法与音频的相关操作相似，在此不再赘述。

四、操作步骤

1. 幻灯片基本操作

根据需要将天文学知识按照小学生能够接受方式，通过文字、图片、表格等元素展示，这些元素可以使用动画点缀，使其更加生动活泼。

2. 插入视频

在互联网上搜索相关的天文知识，并将其插入幻灯片，使演示文稿更加直观，更能提升课程效果。

3. 使用动画设计"太阳—地球—月球"系统

（1）制作地月组合。

1）将地球和月球图片插入到幻灯片中，调整好位置和大小，再复制一个月球，再调整两个月球以地球为基准点对称。

2）将一个月球设置为透明色，即透明度为 100%。然后将三张图片组合为一个整体。

3）对地月组合做"强调-陀螺旋"动画，设置动画效果选项"数量"为"360°逆时针"，"平滑开始""平滑结束"和"弹跳结束"均为"0 秒"，不勾选"自动翻转"复选框；计时"开始"设置为"与上一动画同时"；"期间"设置为"非常慢（5 秒）"；"重复"设置为"直到幻灯片末尾"。

4）对地月组合做"动作路径-圆形扩展"动画，在"动画"功能组中，单击"效果选项"下拉按钮，在下拉列表中选择"翻转路径方向"命令，让其"逆时针旋转"，然后设置动画效果选项"平滑开始""平滑结束"和"弹跳结束"均为"0 秒"，不勾选"自动翻转"复选框；计时"开始"设置为"与上一动画同时"；"期间"设置为"20 秒（非常慢）"；"重复"设置为"直到幻灯片末尾"。

（2）制作太阳动画。

1）将太阳图片插入到幻灯片中，调整好大小，并将其放在地月组合的圆形扩展路径的一个焦点上。

2）对太阳做"强调-陀螺旋"动画，设置动画效果与地月系相同，只是"期间"设置为"慢速（3 秒）"。

资源 4 - 7
使用动画
设计"太阳—
地球—月球"
系统

4. 设置背景颜色

选择"设计"选项卡，在"自定义"功能组，单击"设置背景格式"按钮进行设置，此处设置为"黑色"。

5. 插入小星星

（1）选择"插入"选项卡，在"插图"功能组中，单击"形状"下拉按钮，在弹出的下拉列表中的"星与旗帜"区域，选择"星形：四角"，插入多个大小不一的图形，并将它们"形状填充"设置为"黄色"，"形状轮廓"设置为"无"，如图 4-30 所示。

图 4-30 插入星星效果图

（2）对星星做"强调-彩色脉冲"动画，设置动画效果选项"颜色"为"红色"；计时"开始"设置为"与上一动画同时"，"期间"设置为"快速（1秒）"，"重复"设置为"直到幻灯片末尾"。

6. 测试结果

利用幻灯片放映功能，测试动画效果是否达到预期效果。如有问题或不满意的地方，做适当调整和改正，直到最终满意为止。

五、实例总结

本例主要对动画操作进行了综合应用。通过巧妙应用动画，使教学课件更加丰富多彩，能不断强化教学效果，不断提升教学水平。需要注意的是，尽管动画效果可以增加幻灯片的吸引力，但过多的动画效果会使幻灯片显得杂乱无章，分散观众的注意力。因此，应适度使用动画效果，并确保它们与主题一致，才能有助于解释和演示内容。

操 作 题

1. 分组完成以国庆节为主题的幻灯片制作，并分组展示作品。

2. 分组完成以奥运会或世界杯等体育赛事为主题的幻灯片制作，并分组展示作品。

3．实施乡村振兴战略，是党的十九大作出的重大决策部署，是决胜全面建成小康社会、全面建设社会主义现代化国家的重大历史任务，是新时代"三农"工作的总抓手。青年大学生参与乡村振兴，不仅能够有效地将理论知识与实践相结合，为乡村振兴战略贡献力量，还能培养出一批人才队伍，为国家乡村振兴战略提供高素质的人才保障。请制作一个关于乡村振兴战略的演示文稿。

4．校园文化是学校发展的灵魂，是凝聚人心、展示学校形象、提高学校文明程度的重要体现；校园文化是学校教育不可缺少的重要组成部分，是学校所具有的特定的精神环境和文化氛围；校园文化对学生的人生观、价值观产生着潜移默化的深远影响。请制作一个关于母校校园文化的演示文稿。

实验四

5．孝道是中华民族尊崇的传统美德。在中国传统道德规范中，孝道具有特殊的地位和作用，已经成为中国传统文化的优良传统。请制作以感恩父母为主题的演示文稿，弘扬传统美德，尊老敬老精神，增强感恩情怀。

6．制作幻灯片，利用"触发器"控制视频的播放。

参 考 文 献

［1］ 文海英，王凤梅，宋梅，等. Office 高级应用案例教程（2016 版）［M］. 北京：人民邮电出版社，2021.

［2］ 龙马高新教育. Windows 11 使用方法与技巧从入门到精通［M］. 北京：北京大学出版社，2022.

［3］ 时恩早，李佳，刘艳云. Word 办公软件高级应用教程［M］. 北京：机械工业出版社，2022.

［4］ 龙马高新教育. Word/Excel/PowerPoint 2021 办公应用从入门到精通［M］. 北京：北京大学出版社，2022.

［5］ 于春玲，宋祥宇，王秋艳，等. PowerPoint 2016 多媒体课件设计与制作实战教程（微课版）［M］. 北京：人民邮电出版社，2022.

［6］ 韩鸿雪. PowerPoint 2019 从入门到精通　移动学习版［M］. 北京：人民邮电出版社，2019.

［7］ 神龙工作室. Word/Excel/PPT 2019 办公应用从入门到精通［M］. 北京：人民邮电出版社，2019.

［8］ 李畅，张颖. 计算机应用基础习题与实验教程（Windows 10＋Office 2016）［M］. 2 版. 北京：人民邮电出版社，2021.

［9］ 朱琳，刘万辉. PPT 设计与制作实战教程（PowerPoint 2016/2019/365）［M］. 北京：机械工业出版社，2021.

［10］ 吴永春，许大盛，吴学霞，等. 办公自动化［M］. 2 版. 北京：中国水利水电出版社，2019.

［11］ 徐小青，王淳灏. Word 2010 入门与实例教程（中文版）　［M］. 北京：电子工业出版社，2011.

［12］ 黄朝阳，任强，陈少迁，等. Word 2013 实用技巧大全［M］. 北京：电子工业出版社，2016.

［13］ 杨久婷. Word 2010 高级应用案例教程［M］. 北京：清华大学出版社，2017.

［14］ 岳海翔. 中国党政机关公文格式与规范技巧指导全书［M］. 杭州：浙江人民出版社，2016.

［15］ 宋翔. Excel 公式与函数大辞典［M］. 北京：人民邮电出版社，2017.

［16］ 解福. 计算机文化基础［M］. 9 版. 东营：中国石油大学出版社，2012.

［17］ 沈玮，周克兰，钱毅湘，等. Office 高级应用案例教程［M］. 北京：人民邮电出版社，2015.

［18］ 会计实操辅导教材研究院. Excel 数据处理与分析［M］. 广州：广东人民出版社，2019.

［19］ 叶娟，朱红亮，陈君梅，等. Office 2016 办公软件高级应用［M］. 北京：清华大学出版社，2021.

［20］ 郑婵娟，贺琳，李蓉. 办公软件高级应用与实践（Office 2016）［M］. 北京：中国铁道出版社，2018.

［21］ 朱瑞海. 技术经济学课程中 Excel 进行资金时间价值分析的方法探讨［J］. 信息技术与信息化，2014（08）：18－19.

［22］ 石宜金，张滢，杨子艳，等. Excel 数据分析与处理高级案例应用［M］. 北京：清华大学出版社，2023.

［23］ 丁菊玲，刘炜，方玉明，等. Excel 高级数据处理与分析（微课版）［M］. 北京：人民邮电出版社，2023.

［24］ 胡秀平. 计算机应用基础项目教程（Windows 10＋Office 2016）［M］. 北京：机械工业出版社，2021.

［25］ 刘瑞新，井荣枝. 计算机应用基础：信息素养＋Windows 11＋Office 2021［M］. 2 版. 北京：机械工业出版社，2024.

［26］ 王文发，刘翼，田云娜. 大学计算机基础（Windows 10＋Office 2016）［M］. 北京：清华大学出版社，2023.

［27］ 朱家荣，黄学理，周小丽. 高级办公自动化［M］. 长沙：湖南大学出版社，2022.

［28］ 侯丽梅，赵永会，刘万辉. Office 2016 办公软件高级应用案例教程［M］. 2 版. 北京：机械工业出版社，2019.

［29］ 曾爱林. 信息技术基础项目化教程（Windows 10＋Office 2016）［M］. 2 版. 北京：高等教育出版社，2023.

［30］ 陈波，李德久，陈君，等. Excel 立体化项目教程（Excel 2016）（微课版）［M］. 北京：人民邮电出版社，2023.

［31］ 程远东. 信息技术基础（Windows 10＋WPS Office 2019）（微课版）［M］. 北京：人民邮电出版社，2021.

［32］ 张永新，王昕忠. 大学计算机基础（思政版）（微课版）［M］. 北京：清华大学出版社，2022.

［33］ GB/T 9704—2012，党政机关公文格式［S］.

［34］ 李红艳，耿斌，白林林，等. Office 2016 办公软件应用案例教程（微课版）［M］. 3 版. 北京：人民邮电出版社，2022.

［35］ 杨玉蓓，冯琳涵，陈颖，等. PowerPoint 2016 高级应用案例教程（视频指导版）［M］. 北京：人民邮电出版社，2022.

［36］ 汪钰斌，袁黎晖. 大学信息技术基础［M］. 2 版. 北京：中国铁道出版社，2023.

［37］ 徐薇. Word2019 文档处理实例教程（微课版）［M］. 北京：清华大学出版社，2021.

扫码获取
书中相关
素材